作战效能评估与计划制订方法研究

程　恺　郝文宁　靳大尉　廖湘琳　章乐贵　著

国防工业出版社

·北京·

内 容 简 介

本书在介绍目前研究现状的基础上，从作战效能评估及作战资源分配方法学原理、作战行动效能评估和作战任务效能计算、作战资源分配和作战计划管理系统3个方面，系统介绍了作战效能评估与计划制订方法，通过实现精准评估部队作战效能和科学制订作战计划，有效提升了基于数据的部队训练、管理决策水平。

本书可供作战效能评估、作战计划制订等相关专业研究人员和技术人员学习，也可作为高等院校相关专业本科生、研究生的参考教材。

图书在版编目（CIP）数据

作战效能评估与计划制订方法研究/程恺等著. —北京：国防工业出版社，2024.7（重印）

ISBN 978-7-118-12806-2

Ⅰ. ①作… Ⅱ. ①程… Ⅲ. ①作战效能-评估 Ⅳ. ①E920.8

中国国家版本馆 CIP 数据核字（2023）第 022889 号

※

国防工业出版社出版发行

（北京市海淀区紫竹院南路 23 号　邮政编码 100048）

北京虎彩文化传播有限公司印刷

新华书店经售

*

开本 710×1000　1/16　**印张** 9¾　**字数** 172 千字

2024 年 7 月第 1 版第 2 次印刷　**印数** 1501—2500 册　**定价** 99.00 元

（本书如有印装错误，我社负责调换）

国防书店：（010）88540777　　书店传真：（010）88540776

发行业务：（010）88540717　　发行传真：（010）88540762

前　言

现代战争的特点是参战力量多、信息化程度高、战场不确定因素增加，指挥员必须准确地判断下属部队的作战能力，了解部队完成特定作战任务的效能，进而审时度势，制订科学的作战计划，最后赢得战争的胜利。

作战效能是由人员和武器系统组成的作战单元完成预期作战任务的有效程度。它与一定的作战背景相联系，是动态的、对抗的，是作战策略、战术水平的综合体现。部队作战效能的高低是上级指挥机关科学制订训练计划，是提高部队战斗力，夺取战争胜利的重要依据。

信息技术使现代战争的特点发生了显著变化。信息化条件下的作战样式急剧增加，一次小规模战斗就可能涉及多个军、兵种，使得部队作战更加复杂。信息化作战是陆、海、空、天、电多维一体的战争，是一种典型的非线性、非对称的组织对抗行为，这种对抗不再局限于武器系统的功能及成员个体的能力，而更多的是依靠将人和武器装备组成的作战单元进行某种意义上的集中。具体表现为多维战场空间中作战效能的集中，以作战单元之间在作战任务上快速有效的协同，取得战争对抗的优势。因此，为了有效应对作战时空概念扩大与实现作战效能集中的矛盾，在信息技术作用下客观地评估部队作战效能，辅助作战计划的制订，从而快速有效地整合战场资源成为一种必然需求。

进入 21 世纪以来，我军开始大力推进基地化、网络化、模拟化的建设工作，目的是通过模拟训练构设近于实战的战场环境，将大量激光模拟交战器材广泛应用于合同战术规模的实兵对抗演练中，提高对抗演习的激烈程度，使演习的过程与结果更接近实战水平。随着先进计算机与通信技术在军事训练领域的应用，目前已具备了信息化条件下作战训练数据采集的技术和能力，这就为以作战行动为中心的训练效果数据采集提供了技术上的可能性，为客观评估部队作战效能提供了数据基础。

本书旨在探索信息化条件下部队作战效能评估及作战计划制订的理论和方

法，促进军事管理工程的定量化研究，科学客观地评估部队作战效能，辅助指挥机关制订作战计划。研究内容主要包括作战效能评估及作战资源分配方法学原理、基于训练效果的作战行动效能评估、作战任务效能计算、基于效能的作战资源分配和作战计划管理系统的构建等，涉及军事科学、管理科学、系统科学、计算机软件等领域。

全书共分6章：第1章主要分析作战效能评估与计划制订方法研究的目的和意义，梳理了本书各章节的主要研究内容，以及研究特色和创新点；第2章总结了作战效能评估和作战任务规划方法的研究现状；第3章建立了作战效能评估及作战资源分配方法学原理；第4章提出基于训练效果的作战行动效能评估方法；第5章在作战行动效能评估的基础上，提出作战任务效能计算方法；第6章提出了基于效能的作战计划制订与管理方法。

由于作战效能评估与计划制订方法领域涉及的知识面比较宽，我们对该领域的研究还不够深入。书中疏漏之处难免，欢迎读者和专家批评和指正。

编　者

2021年10月10日

目　录

第1章　绪论

作战效能这一概念的意义在于为决策提供效能评估，离开了效能评估，作战效能只是一个意义模糊的名词。既然作战效能是指达到预期目标的有效程度，那么就需要采用一定的效能指标或准则去度量这种有效程度。由于作战情况的复杂性和作战任务要求的多样性，单个效能指标通常无法达到效能评估的要求，需要用一组效能指标来表示，这些效能指标从不同侧面反映了作战行动的多重目的。作战效能评估就是根据评估的目的，确定一组效能指标，针对不同类型的效能指标采用合适的评估方法计算效能指标值，再运用一定的数学方法将这些效能指标值聚合成一个能够综合反映完成预期任务有效程度的数值。其本质是将部队在特定战场环境下完成作战任务的程度以量化的形式反映到决策者面前。

1.1　作战效能评估与计划制订方法研究的目的和意义

部队作战是人和武器装备协同发挥的作战过程，受自身和外界多种因素的制约，其效能值是衡量部队战斗人员及其武器装备系统在作战中能否取得胜利的重要因素，是一个复杂的综合指标，为此，研究的重要意义如下。

第一，根据平时的训练效果，客观地评价作战行动的效能，从而能够在作战开始之前预测部队完成特定作战任务的可能性，为上级指挥机关提供决策依据。

第二，对形成作战效能的部队编制体制的合理性提供参考依据，进而优化作战部队的编制体制，为管理部门制订优化可行的编制体制方案提供科学的参考依据。

第三，分析指战员战术的运用是否合理，从理论上探讨作战指导思想和作战原则，为战术的选择和运用提供合理建议。

第四，部队作战效能评估的结果是制订作战计划的重要依据。基于部队作战效能，研究作战任务规划方法，使合适的作战单元在正确的时间、正确的地点、执行正确的行动，进而能够辅助作战计划制订人员对作战任务进行科学合理的规划和组织。

然而，由于国内外对作战部队作战效能研究的文献较少，除了保密因素外，基础数据缺乏、作战行动定义不规范、完成作战行动的人为因素多、基础理论研究不深入等因素导致此项研究难以开展。训练的目的是取得战场的胜利，训练效果的好坏直接影响作战的结果。但是，要搞清训练效果和作战效能之间存在着怎样的联系，就必须从理论上研究训练效果与部队作战效能之间的定量关系，即根据训练效果数据来评价一支部队完成一项作战任务的能力。指战员掌握了下属部队的作战能力，了解部队完成特定作战任务的效能，就能够审时度势，制订科学的作战计划，为赢取战争的胜利打下良好基础。

1.2 主要研究内容

我军有关部门结合武器装备研制、规划计划论证等开展了一定的效能评估工作。到20世纪80年代，随着信息技术的发展，以计算机模拟为标志的作战效能评估研究得到了迅速发展，其对提高部队的训练水平，客观评价部队的作战能力，发挥了很好的作用。同时，尽管在作战效能评估及作战计划制订的研究上有多种方法和理论支撑，但是针对部队作战效能评估所需的训练效果数据内容没有统一的描述，面对信息化条件下作战过程不确定性大的特点，想要客观公正地评估部队作战效能还存在许多困难。如何根据作战效能规划作战任务，跟随作战过程对作战计划实施动态管理等，都是需要研究解决的问题。

目前，与部队作战效能评估相关的概念还没有得到一致的理解和描述，评估对象和作战任务经常改变，想要客观科学得出评估结果存在许多困难，并且根据部队不同的作战效能动态拟制作战计划也是一个亟待解决的问题。因此，在评估理论和方法的研究以及系统的建立过程中，必须注重作战行动的形式化描述，以及基础数据组织形式的标准化，使用科学的理论模型评估作战效能，以快速适应不同作战评估的需要。在研究过程中重点研究以下问题。

1. 作战效能评估及作战资源分配方法学原理

主要分析基于训练效果的部队作战效能评估相关概念的内涵与外延，给出作战任务概念的定义，建立作战行动本体，并利用形式化描述方法抽象出作战任务中的三类关系——实例化关系、层次结构关系和时序逻辑关系，提出作战任务形式化描述的流程，实现作战任务的统一描述和语义理解。在分析作战效能含义的基础上，提出作战实体效能的定义，并明确训练效果与作战效能评估的依赖关系。

根据作战效能评估的特点及作战任务规划的需求，提出一个基于训练效果的部队作战效能评估及作战资源分配总体框架。该框架为纵向三级的层级结构，从下至上分别是基础层、作战效能评估层和作战资源分配层。其中，基础层明确了训练效果和作战效能之间的关系，为进一步的效能评估提供依据；作战效能评估层分为作战行动效能评估和作战任务效能评估两部分，是作战资源分配的前提条件；作战资源分配层根据部队执行作战行动的效能，将作战单元合理地分配给多个作战行动。如此一来，总体框架从训练效果出发，评估部队作战效能，最终得到可执行的作战计划，从而能够为作战计划的制订提供理论与方法上的指导。

2. 作战行动效能评估

由于影响部队作战的不确定因素多，作战行动在不同条件下产生的效果数据具有随机性大的特点，本书针对作战行动效果数据采用统计分析的方法，研究它们的整体结构特征和数据之间的量化关系，评估作战行动效能；分析作战行动效果数据的组成，建立其概念数据模型、逻辑数据模型和物理数据模型，规范数据描述格式，并提出自动、人工两种数据采集模式。对于采集到的效果数据，采用朴素贝叶斯网的方法对其进行分类，便于进一步确定数据的分布函数。研究确定数据分布函数的探索性分析方法，并在此基础上提出作战行动效能的评估方法。根据分布函数与行动需求比较方式的不同，研究了至多型、至少型和区间型3种情况下的作战行动效能评估问题。

3. 作战任务效能计算

本书研究的作战任务效能评估问题是预测性质的，即根据部队平时的训练效果，预测其完成某一特定作战任务的可能性，从而为指挥机关提供决策依据。对作战任务完成的可能性分析，本质上是一类不确定性推理问题。即在无法获知全部信息的条件下，针对动态的、不断变化的战场情况，评估特定作战任务的效能，预测完成目标的可能性。在介绍基本影响网原理的基础上，根据作战任务的特点对赋时影响网进行改进。一方面，通过引入循环弧和强度参数表达行动间的异步和同步时序关系；另一方面，根据仿真系统的输出结果，将条件概率与因果影响逻辑参数的关系进行线性插值，从而确定因果影响逻辑参数，避免人为指定的主观性。在此基础上，建立了基于扩展赋时影响网的作战任务效能评估模型及其求解方法，并结合具体示例验证了该方法的可行性和有效性。

4. 作战资源分配

作战任务规划就是在一定的时限内，将有限的作战单元分配给作战行动，以获取完成整体作战任务的最佳效益。而作战资源分配是作战任务规划中的关键问题，是部队完成作战任务的前提和保证。通常作战任务规划与任务成功与否密切相关，因此本书在评估作战行动和作战任务效能的基础上，建立了基于效能的作战资源分配模型及其求解算法。模型以最小化任务完成时间和最大化任务效能为目标，将作战资源分配归结为一类混元线性规划问题。模型求解的总体思路是通过一定的算法搜索作战单元－行动分配的状态空间。以多维动态列表规划算法为基础，结合扩展赋时影响网理论，确定作战行动和作战单元的优先级，解决资源分配中的冲突问题。通过引入一定的人为因素，调节任务时间和效能两个求解目标，缩短任务完成时间，提高作战任务效能，完成作战单元－行动的最佳匹配，从而辅助作战计划的制订。最后结合 A2C2（Adaptive Architectures for Command and Control）实验验证该方法的可行性和有效性。

5. 作战计划管理系统

计算部队作战行动效能的目的是制订作战计划，信息时代的作战以行动为中心，作战行动以计划为依据，对确定的战场态势如何制订精确的作战计划；对复杂多变的战场又如何能及时调整修改计划，动态调度协调各种资源，使作战部队的战术行动协调一致，为作战人员提供自动实时的指导，这些都是作战计划管理需要解决的问题。

可以采用工作流技术开发作战计划管理系统，为作战指挥人员提供在分布的战场环境下的协同工作环境。将作战过程分解成定义良好的任务、角色，按照一定的规则和过程来执行这些任务并对它们进行监控，使处于不同地点的作战计划编制及执行人员能够按照步骤进行工作，提高部队整体效率。

部队充分利用这一计划编制执行管理系统，能够提供定期和预定的报告，加强沟通、协调，使作战计划进度始终处于有序和可控状态，作战任务保持均衡有序地进行态势，并可根据作战进程，实时进行重新计划。

1.3 研究特色和创新点

基于训练效果的部队作战效能评估及作战计划制订的方法研究在国内尚处于起步阶段，本书的研究着重于部队作战效能概念的表达，基于统计分析的作战效能评估，以及基于效能的作战计划制订等方面，具有以下特色或创新之处。

第一，建立了作战行动本体，对作战任务进行了形式化描述，对作战行动、作战任务，以及它们之间的关系做出准确的定义。详细分析了作战效能的含义并给出了部队作战任务效能的定义，明确了训练效果与作战效能评估之间的关系，为进一步研究提供了理论依据。在对作战任务规划中关键步骤作战资源分配进行需求分析的基础上，提出了一个具有一定通用性的基于训练效果的部队作战效能评估及作战资源分配总体框架，为整体研究提供指导。

第二，描述了作战行动效果数据的组成，建立相应的数据模型，进一步明确了数据采集的内容与格式，为客观评价作战行动的效能提供数据基础。面对种类繁多、数据量巨大的行动效果数据，按照行动影响因素对其进行分类，使行动效果数据的统计分析更具有针对性。给出作战行动效果数据分布函数的确定方法，根据数据的统计特性提出了基于训练效果的作战行动效能评估方法，为作战任务效能的评估打下良好基础。

第三，将作战任务的效能评估归结为一类不确定性推理问题。在无法获知全部信息的条件下，针对动态的、不断变化的战场情况，评估部队完成特定作战任务的效能，预测其达到作战目标的可能性。对于支持不确定性推理的影响网进行了改进，建立了基于扩展赋时影响网的作战任务效能评估模型，并提出相应的求解方法，通过示例验证分析了其可行性与有效性。

第四，在借鉴多维动态列表规划和多优先级列表动态规划的基础上，提出了基于扩展赋时影响网和改进多优先级列表动态规划的作战资源分配方法，建立了相应数学模型，以缩短任务总体完成时间和提高任务作战效能为求解目标，解决资源分配中存在的各类冲突。该方法能够根据作战效能评估的结果，在一定战场环境约束下，将最合适的作战单元分配给最需要完成的作战行动，完成作战任务的规划。进而建立基于工作流的作战计划管理系统，能够根据作战过程，对作战计划实施动态管理。在系统的开发上，综合运用面向对象和面向服务的技术，建立系统的体系结构，使系统具有很强的灵活性。

第2章　国内外研究现状

作战效能评估问题是军事运筹学领域研究的热点，一直备受各国军方的关注。国外特别是美军在20世纪60年代就成立了专门的作战效能评估研究机构；国内系统进行效能评估起步较晚，我军有关部门结合武器装备研制、规划计划论证等开展了一定的效能评估工作，取得了一系列研究成果，为部队现代化建设提供了有力的决策支持。

作战任务规划是一个复杂过程，对其分析需要丰富的知识和大量数据。作战任务规划的实质就是在特定作战资源和外部条件约束下，使用一定的规划技术，生成一系列有序作战行动的集合。通过不同作战单元执行相应的作战行动，实现战场由初始状态向目标状态的转变。简而言之，作战任务规划就是解决采取何时由谁来完成何种作战行动的问题。

下面从作战效能评估方法和作战任务规划方法两个方面展开介绍，对目前国内外的研究现状做出分析。

2.1　作战效能评估方法研究现状

评估是行为主体按特定价值观和准则对客体的理性认识行为，具有明显的主观性，价值观和准则所体现的主观性是无法回避的，某些在度量和聚合中附加到评估之中的主观性是可能的。

部队作战效能的评估，就是采用一定的方法对部队完成特定任务的有效程度进行度量。由于作战过程的复杂性和不确定性，有些指标难以获取，有些因素无法通过数字准确地表示，只能估价。但是，为了评估的准确和科学，通常会利用多种手段和方法最大限度地减小人为因素，保证评估的客观性。

部队由人、武器装备组成，是一个复杂系统，部队作战效能的评估与武器装备的效能评估密切相关，但由于有了人的参与，计算分析更为复杂。国防大学和军事科学院的专家通过作战模拟的方法，对联合作战部队作战效能的评估进行了研究，效果很好。

目前，国内外传统的作战效能评估方法有很多，并且随着其他学科的发展，各国研究人员将热力学、生物学等理论引入到效能评估领域，出现了许多新的方法，具体分类如图 2-1 所示。下面重点分析几种典型的作战效能评估方法。

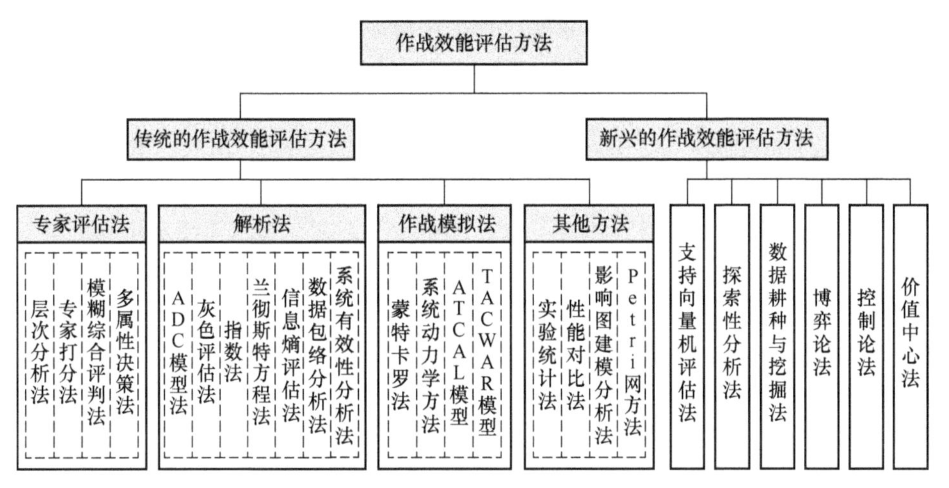

ADC模型：可用性（Availability）、可信性（Dependability）和作战能力（Capability）模型。
ATCAL模型：磨损校准（Attrition Calibration）模型。
TACWAR模型：战术战争（Tactial Warfare）模型。

图 2-1　作战效能评估方法分类

2.1.1　层次分析法

层次分析（Analytic Hierarchy Process，AHP）法是美国著名运筹学家、匹兹堡大学教授 Thomes L. Saaty 于 20 世纪 70 年代中期提出的一种将复杂评估问题进行分解处理的简易决策方法。AHP 法以数量形式表达和处理人的主观判断，是一种结合定性与定量的多准则评估方法。尽管从数学原理上 AHP 法有着深刻的内容，但从本质上讲 AHP 法是一种科学的思维方式。

AHP 法首先把复杂问题分解为多个要素，并按支配关系将这些要素组织成有序的递阶层次结构；然后构造两两比较判断矩阵，计算每一层次中各要素对于上一层次中某一准则的相对重要性程度；最后在递阶层次结构内进行合成，对决策因素相对于目标层的重要性程度进行总排序。AHP 法建模的信息基础是判断矩阵，关键是构建合理的递阶层次结构，而这两方面均取决于领域专家的主观选择。

20 世纪 80 年代 AHP 法被引入国内，由于该方法具有简单快速的特点，迅速在各行业中得到广泛应用，特别适合用于解决半结构化、非结构化的复杂系统问题。通常可以利用 AHP 法中判断矩阵的方式，确定定性指标的权重，再与模糊综合评判、灰色理论等方法结合以达到解决问题的目的。虽然 AHP 法在处理某些问题上具有优势，但其自身存在一定的缺陷：构建的递阶层次结构具有自上而下、逐层传递的支配关系，却过分简化了各层次间的聚合关系，无法反映下层对上层的反馈作用或者层次间各要素的相互影响；由于不同的专家往往得出不同的判断矩阵，受人为因素影响较大，导致计算结果不稳定；在进行一致性检验时需要计算判断矩阵的特征值，但在 AHP 法中一般用的是求平均值（算数、几何、协调平均）的方法求特征值，这对于一些病态矩阵是有系统误差的；只能在给定的方案中去选择最优方案，而不能给出新的方案。

2.1.2 ADC 模型法

系统效能分析法是美国工业界武器系统效能咨询委员会集中了五十多位专家，历时一年多的研究，于20世纪60年代中期提出的一种系统效能指标计算模型，因模型的解析表达式为 $\boldsymbol{E} = \boldsymbol{ADC}$，故多数文献中使用 ADC 法作为其简称。

ADC 法规定系统效能指标向量 $\boldsymbol{E}$（Effectiveness）是可用性向量 $\boldsymbol{A}$（Availability）、可信性矩阵 $\boldsymbol{D}$（Dependability）和作战能力矩阵 $\boldsymbol{C}$（Capability）的函数。首先分析系统可能出现的组合状态，计算任务开始时系统出于不同状态的概率，得到 $\boldsymbol{A}$；然后在 $\boldsymbol{A}$ 的基础上计算系统在任务开始时所处状态 i 转移到任务执行期间所处状态 j 的概率，得到 $\boldsymbol{D}$；$\boldsymbol{C}$ 是效能求解的关键，表示系统处于可用及可信状态下达到任务目标的概率，很大程度上取决于所评估的系统和任务需求，应根据实际问题的特定条件选用恰当的方法求解；最后由模型的解析表达式得到 $\boldsymbol{E}$。由此可见，该方法是通过任务开始时系统状态、任务执行期间系统状态以及任务完成结果来描述系统效能，是一种串联模型。

ADC 法最初是为美国空军建立的，因模型在工业应用上简便、灵活，具有较广泛的适用性，至今在国内外仍得到普遍重视与应用。目前，该方法在军事上主要用于武器系统的效能评估，尽管针对不同评估提出了多种修正模型。但是，仍然存在一些有待解决的问题：该方法建模是基于系统状态划分及其条件转移概率，当它应用于部队作战效能评估这样状态数较多且难以准确划分的问题时，会出现矩阵维数的急剧“膨胀”，导致运算困难；系统的条件转移概率往往是一种分布函数，其确定带有相当的主观性，不同的假设往往会导致不同的结论；评估过程过于简化，难以把效能分析反映在动态的作战过程之中；当有两种以上的系统状态，执行任务中的维修、多任务要求、敌方干扰等因素是模型的定量因素时，使用该方法会变得异常复杂；模型中 C 究竟应包含哪些基本能力，各能力间如何定义相关或独立关系，缺乏一个规范的基本指标体系。

2.1.3　作战模拟法

作战模拟起源于 19 世纪初普鲁士人 Georg von Reisswitz 男爵及其儿子创立的兵棋（Kriegsspiel）游戏。早期采用棋盘的形式，后来出现了沙盘，计算机技术的出现为其发展提供了强大的物质基础。现代意义上的作战模拟通常又称为作战仿真，是指通过建立现实军事系统的模型（规则或过程），由计算机程序将人员、仿真装备、传感设备、计算机和通信设备连接在一起，实现或演练该模型，从中研究系统的特性和行为。

从广义上说，一切应用模型进行作战实验、寻找军事活动规律的过程都是作战模拟的过程。因此其规模可大可小，其模拟方法可抽象可直观，其应用目的可简单可复杂。图 2-2 形象地表示出作战模拟在现代军事活动中的不同分类。

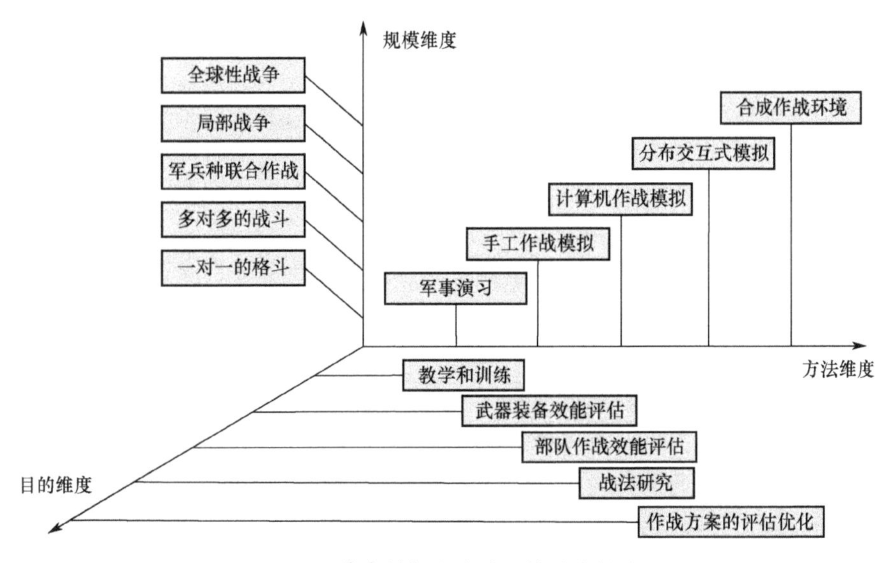

图 2-2　作战模拟方法的三维层次描述

为了评估作战效能，作战模拟法基于计算机仿真模型进行作战模拟实验，根据关于作战进程和结果的实验数据，直接或经过统计分析后给出效能指标评估值，进而得到综合效能值。目前，美军已研制出了多个支持作战效能评估的仿真模型，我军的作战仿真无论是理论研究、工程方法，还是实践应用也都取得了长足的发展，但是在多年的发展过程中仍然面临一些挑战。仿真首先要以大量可靠的基础数据和原始资料为依托，而这些依赖于有计划长期地收集大量数据；许多作战模拟之所以结果不理想甚至是错误的，究其根源在于输入的数据不准确，要注意各种原始数据的准确性；仿真模型的构建本身就是一个复杂的系统工程，模型的聚合和解聚可以提高或降低模型的分辨力，如何处理由此产生的信息增加或缺失；难以校验模型的可信度，模型是否可信一直是作战仿真应用的最大拦路虎，长期以来将其作为 VV&A（Verification，Validation and Accreditation，校核、验证与验收）的一部分来解决，但成效不大；现实作战环境的模拟十分困难，像干扰条件、天气等不确定因素均会直接影响作战的效果。

2.1.4 实验统计法

实验统计法是以经典的概率论与数理统计为理论基础，通过采集实战、演习相关数据，从而获得大量统计资料评估武器系统或作战行动的效能。因为该方法的指标数据源于实际作战条件，受主观因素影响较小，并且像参数估计、假设检验等常用的评估方法都已比较成熟，故在效能评估领域中是一种客观可信的基本评估方法，常常用来验证其他评估方法的有效性。

利用实验统计法得到的效能评估结果较为准确可靠，但是对于像部队作战演习这类大型军事活动而言，耗费人力物资巨大，无法多次实施以获得大量反映作战过程随机特性的统计数据，故此方法在实际的部队作战效能评估应用不多。目前的研究主要以计算机仿真为主，实验统计法为辅。文献［33］通过将空空、空地导弹的仿真结果与靶场实验数据有机结合，将多种不同发射条件下的脱靶量实验数据作为一个整体进行统计推断，达到使实验数据成倍增加的目的。文献［34］对建立在大子样统计理论基础上的传统评定方法进行了分析，提出运用序贯分析方法的原理和方法，及其在工程中的应用。文献［35］给出了小样本、离散型、多总体和统计量检验法与数值计算方法等检验方法。文献［36］运用贝叶斯方法，将未知参数的先验信息引入统计推断，力争在样本数量较少的情况下解决问题。由此可以看出，实验统计法的应用有 3 个趋势：一是通过建立仿真系统获得大量实验统计数据，从而使用经典的数理统计理论；二是通过数据融合等技术，增加实验样本数据达到相同的目的；三是研究在小样本条件下的数据分析与推理问题。

2.1.5 支持向量机评估法

支持向量机（Support Vector Machine，SVM）是 V. Vapnik 等于 1995 年首先提出的。该方法建立在统计学习理论中的 VC 维（Vapnik-Chervonenkis Dimension）理论和结构风险最小原理基础之上，根据有限的样本信息在模型的复杂性和学习能力之间寻求最佳折中，以期获得最好的推广能力。

SVM 理论最初起源于对数据分类问题的处理，后来应用在回归问题上。将 SVM 用于作战效能评估问题，就是依据影响部队作战的因素，选择合适效能评估指标作为模型的输入变量，作战效能值作为模型的输出变量。通过对已知效能指标数据的学习，建立从评估指标到作战效能的非线性映射，进而输入一组新的评估指标变量，利用经过训练的 SVM 模型给出相应作战效能的预测输出，从而达到对部队作战效能评估的目的，SVM 评估法的基本结构如图 2-3 所示。

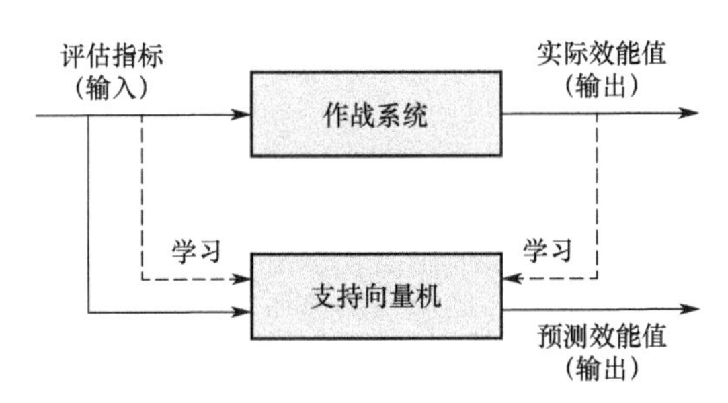

图 2-3　SVM 评估法的基本结构

现代战争参战力量多、信息化程度高、战场不确定性大，面对一个如此复杂的非线性系统，许多传统效能评估方法已不能满足要求，越来越多的研究人员开始将支持向量机、人工神经网络、证据理论等智能算法引入到作战效能评估中。运用这些智能化方法解决评估问题的实质是通过训练样本的学习，再现专家的评估经验，一定程度上保证了结果的客观公正。但是，应用此方法的最大问题在于需要事先得到一定量的训练样本，这在有些时候本身就是一件很困难的事情。此外，这类算法大都要求输入为数值型变量，对于评估中的定性数据，一种自然的做法是用数字赋值，那么必然会引入原始数据中不存在的伪排序，因此还需要研究如何合理地编码各种类型的数据。

2.2　作战任务规划方法研究现状

为了辅助生成作战计划，各种优化技术相继应用到作战任务规划的研究中。数学规划、决策理论规划、图规划、约束规划、智能规划技术、遗传理论、Petri 网、推演理论等都是一些具有广阔应用前景的方法。此外，在现今的作战任务规划系统中，还广泛使用了在线分析处理、数据挖掘和知识工程等信息技术。

目前，计算、推理和仿真是作战任务规划中主要的 3 类关键技术。其中，计算即数学建模，主要解决结构化问题；推理即智能推算，主要解决半结构化问题；仿真即过程推演，主要解决非结构化问题。概括来说，这 3 类关键技术主要包含以下 5 种方法：基于约束的规划方法、基于案例的规划方法、遗传规划方法、多主体规划方法和基于仿真的规划方法。

2.2.1 基于约束的规划方法

基于约束的规划方法主要针对组合优化这一类问题进行建模、求解，涉及计算机、人工智能和运筹学等多个学科，是一个在时序逻辑约束下回归分析的过程。

该方法的基本原理是通过不断增加约束条件，达到使局部最优解逐渐趋向全局最优的目的。其规划过程为：首先将规划评估条件作为软标准，把任务需求的约束条件作为硬标准；然后运用线性规划的方法求出满足硬标准条件下的最优解；最后按照时间顺序对软标准进行排序，逐个检验软标准是否满足。如果存在不符合条件的则将其作为硬标准，重新计算问题的最优解，直到所有软标准得到满足。本书第 5 章提出的基于效能的作战资源分配方法就是以这种方法为核心实现的。

基于约束规划的主要特点是：以人工智能中约束满足问题模型为基础，利用强大的人工智能建模语言表示丰富的约束类型，具备较强的建模和表达能力；通过约束传播技术进行计算推理，能够有效地缩减可行解的搜索空间；将数学建模和求解过程相分离，能够针对相同的描述模型采用不同的求解算法。

由于约束传播能够快速去除多数明显不可行解，有效缩减可行解空间，故将其与其他多种解搜索算法相结合，能够显著提高规划问题的求解效率。解搜索算法包括完全的精确搜索算法和不完全的非精确搜索算法。完全的精确搜索算法主要以树搜索为代表，不完全的非精确搜索算法主要以模拟退火、遗传算法为代表。

2.2.2 基于案例的规划方法

基于案例的规划方法是将待解决的问题与以往已解决的问题进行类比，根据类似已有经验进行推理求解。该方法将获取知识转化为收集领域内经验来构造案例库，从而能够在案例库中检索相似的经验知识，即将基于规则的推理转变为基于案例的推理。

基于案例的规划方法对于一些没有成熟领域知识或者难以建模的问题而言，是一种不错的选择。由于获取知识仅仅是得到以往出现过的案例，所以基于案例的规划开始时不会遇到知识获取瓶颈的问题，只需要从案例库中检索出类似案例，易于实现；能够通过学习新的案例，不断扩充案例库，从而快速提供解决问题的方案。但是，基于案例的规划与案例库中案例的数量和质量密切相关，而案例库自身存在着难以调和的矛盾。当案例库较小、历史案例较少时，存在推理困难或者推理不准确的问题；当案例库较大、历史案例较多时，存在数据冗余、时空复杂性大等影响案例检索效率和结果的问题。此时往往会出现“案例库越大，推理能力越弱”的情况。

基于案例的规划方法已在作战任务计划系统中得到了广泛应用，它不仅能支持局部计划的生成，而且还能支持全局计划的生成。例如，美军在“危机行动作战计划系统”中就运用了基于案例的规划技术，能够在紧急情况下，通过检索已有的计划库进行模式匹配，选取与当前战场态势最接近的案例，对其进行修正并快速生成新的作战计划。另外，在局部计划的生成方面，基于案例的规划方法可以用来实现任务的分解等。

2.2.3　遗传规划方法

遗传规划方法是一种以遗传算法为基础的规划方法。该方法首先随机生成一系列作战行动序列，并对其进行染色体编码；然后通过对行动序列进行“交叉”“变异”等操作，不断生成新的行动序列；最后根据评价函数找到“最优”的行动序列。

由于作战过程动态性明显，战场环境的不确定性大、充满未知性，一般基于搜索的规划方法无法按照期望生成大量新的作战行动序列，从而在搜索空间的确定方面受到较大限制。而遗传规划方法则具有明显优势，能够生成比较完备的搜索空间，进而加快作战计划的生成过程。

一般而言，标准的遗传算法倾向于产生一组类似或者同一个的“最好”作战行动序列。所以，为了保证行动序列的多样性，在设计遗传规划时通过改进标准的遗传算法或与其他算法结合，以增加行动序列的多样性。FOX-GA（Fox Genetic Algorithm）就是一种基于遗传算法的计划生成工具，它由美国陆军作战实验室研制，能够辅助摩托化步兵团等陆军部队生成作战行动方案。目前，美军正在计划将这一工具应用于其他军兵种作战计划的制订。

2.2.4　多主体规划方法

多主体规划方法是一种技术框架，它通过集成多种不同规划技术以解决复杂的规划问题。在实际应用中，单一规划技术或者系统往往无法解决复杂的规划问题，然而多主体规划方法则是解决这类问题的一种有效途径。由于多主体规划方法采用开放式的体系结构，既便于现有规划系统的集成，又便于新规划技术的增加和使用。

多主体规划方法按照功能的不同，将规划系统分解为相对独立的主体。通过协调和控制各个主体的行为生成作战计划，不仅能够并行生成多种不同的计划，而且增强了规划的可靠性与灵活性，已成为目前主流规划系统的协同和组织方式。

多主体规划方法从本质上来看是对其他规划方法的集成、组织与应用，需要其他规划技术的支持。计划的分布式生成、主体之间的协同与通信以及功能和知识的共享表示等是其研究的主要方向。军事问题规划的层次性要求和指挥结构的层级性特点与多主体规划方法在一定程度上是相辅相成的，从而促进了该方法在作战计划生成上的应用，如美国空军战役计划系统等。目前，国内也有很多军用计划系统采用了多主体规划技术，其重点在于研究多主体间的组织与协同。

2.2.5 基于仿真的规划方法

计算机技术应用于任务规划的最高层次就是仿真，它是多种数学和智能方法的综合体现。基于仿真的规划方法就是利用计算机仿真技术，以“战场实验室”的形式直观地展现各种计划的作战效果，主要包括计划的制订和计划的评估两个方面。它们的区别在于：制订作战计划需要经过多次的仿真，而评估作战计划仅通过一次仿真即可。

基于仿真的作战计划制订是通过将计划在仿真过程中多次迭代，从而达到对其不断修正的目的。决心方案到作战计划的转变，作战计划到仿真计划的转化，仿真计划的执行及其修正是基于仿真手段制订作战计划的 4 个关键步骤。对于前 3 个步骤，可以通过编译系统来完成，而对于最后一个步骤计划的修正，既可以通过对同一方案的多次运行结果进行统计，也可以结合神经网络与遗传算法进行分析，从而使由仿真得到的作战计划更加真实可信。

由于现代战场的复杂性，利用传统的数学解析方法评估作战计划已十分困难。在这种情况下，仿真作为一种有效的计划评估手段，越来越受到军事专家的重视。与按照指标或规则的静态评估相比，基于仿真的作战计划评估具有较大的优越性。具体表现为：它是由敌我双方作战计划的动态模拟来进行评估的，具备较强的动态性和真实感。其原理是根据随机产生的不确定事件，计算并预测未来作战过程中的不确定性。通过敌我双方决策树的展开，基于专家系统自动地或者在一定人为干预条件下选择决策路径，进一步经过仿真检验作战计划的稳定性。

2.3 小　结

在作战效能评估方法研究方面，不难发现每种方法都与评估的要求或目的密切相关，主要体现在评估指标选取和权重系数的确定上。从开始研究作战效能评估问题至今，几十年来国内外已出现不少评估方法，它们都是根据当时工作需要和条件制订的，虽然具有一定的主观成分和局限性，但也都能说明一定的问题。战争不仅是武器装备的较量，同时也是人的较量。为了全面反映部队的作战效能，作战效能评估不能仅停留在武器系统的层次上，而是要综合考虑人机融合对作战结果的影响。部队作战效能的研究要在武器系统评估的基础上，准确把握信息化条件下部队作战的非线性、混沌性、协同进化等特点，深刻洞察影响作战效能的因素以及这些因素对作战效能影响的程度。一方面单纯使用某一种方法都不可能满意地解决部队作战效能评估的问题，必须综合运用各种传统的效能评估方法，力争在方法的结合上寻求创新；另一方面，要努力突破传统方法思想的束缚，加强对作战效能评估新方法的探索以及已有新方法的应用研究，将更多更好其他领域的理论方法应用到作战效能评估中来。

在作战任务规划方法研究方面，针对目前一些主要的规划方法进行了初步分析，但实际上还有许多实用的规划方法，如基于工作流的规划、图规划、决策理论规划等。由于面对的问题域不同，采用的规划方法往往也是不同的。因此，研究作战任务规划问题的任务之一就是了解并掌握不同的规划方法，根据实际情况灵活地使用它们，以便战时能够辅助决策人员快速、高效地制订作战计划。

第 3 章　作战效能评估及作战资源分配的方法学原理

训练的目的是取得战场的胜利，训练效果的好坏直接影响作战的结果，但要想知道训练效果和作战效能之间存在着怎样的联系，就必须从理论上研究训练效果与部队作战效能之间的定量关系，即根据训练效果数据来评价一支部队完成一项作战任务的能力。指挥员掌握下属部队的作战能力，了解部队完成特定作战任务的效能，就能够审时度势，制订科学的作战计划，为赢取战争的胜利打下良好基础。

为此，需要深入理解与作战效能相关的基本概念，明确训练效果与作战效能评估之间的联系，研究基于训练效果的部队作战效能评估及作战资源分配方法，从而促进军事管理工程的定量化研究，提高我军条令条例制订的科学性，并且在实际作战指挥和训练活动中有效地评估部队的作战效能，辅助指挥机关制订作战计划。

3.1　作战任务与作战效能

随着信息化条件下局部战争的深入发展，作战的样式已经由过去作战双方单一的兵种对抗转变为由诸军兵种协同的联合作战。在基于信息系统的体系作战背景下，以作战任务为中心的特点越来越突出。因此，为了使各信息系统一致地理解作战任务的内涵及执行过程，明确基于训练效果的作战效能评估的目的和意义，以下从作战任务概念及形式化描述、作战效能的含义及计算方法两个方面进行阐述。

3.1.1　作战任务的概念及其形式化描述

目前，在军事训练领域，关于作战任务的概念可以分为两类：第一类是任务空间概念模型中对作战任务的描述，从预期作战应用的角度，强调任务执行的具体过程，体现为作战使命的组成部分；第二类是通用联合作战任务清单中对作战任务的描述，从执行主体的角度，强调任务本身是一种能力，由执行任务的作战单元决定，用于确定达成使命的能力需求。另外，对于作战任务和作战行动这两个概念，我军与美军的理解是不同的。我军认为作战任务是为完成特定的作战目标而进行的多个作战行动，美军则认为作战行动是为达到一定的作战目的而在军事上采取的行动，是由作战任务组成的。由此可见，我军所指的作战任务相当于美军的作战行动，而我军的作战行动相当于美军的作战任务，这一点在研究作战任务与作战行动概念时需要特别注意。

1. 作战任务的概念和组成

本书从第一类作战任务概念的角度出发，研究作战任务的形式化描述，将作战任务定义为：在一定的战场环境和时空约束下，作战单元为完成所承担的责任或达到特定的作战目的，将一系列作战行动组织在一起的有序集合。作战任务是对作战使命的细化，涉及的主要因素如下。

（1）作战对象：指执行任务的作战单元，以及任务作用的环境和其他作战单元，例如，敌我双方的作战部队、人工设施等。

（2）作战目的：通过任务的执行以达到某种预期的状态，是对目标对象状态改变的一种函数关系判断。

（3）作战行动：在特定战场环境下的不可分或不必要再分的基本战斗行为，是作战过程中抽象出来最基本、最底层的要素。

（4）关系：包括总体作战任务与具体作战任务之间的关系，作战任务与作战行动之间的关系，作战行动之间的关系。

在对作战任务概念分析的基础上，将其形式化定义为以下八元组：

$$\text{Task} = <\text{Name}, \text{Role}, \text{Target}, \text{Operation}, \text{Relation}, \text{Time}, \text{Surroundings}, \text{Rule}>$$

式中：Name 表示任务名称；$\text{Role} = \{\text{role}_1, \text{role}_2, \cdots, \text{role}_n\}$ 表示角色集合，是与任务相关的资源和实体，role_i 具体表现为作战单元的五种能力——信息支援、战术机动、火力打击、整体防护和综合保障；$\text{Target} = \{\text{target}_1, \text{target}_2, \cdots, \text{target}_n\}$ 表示完成任务的指标集合，通过权重 Wtarget_i 来表示指标 target_i 对任务的影响程度；$\text{Operation} = \{\text{ope}_1, \text{ope}_2, \cdots, \text{ope}_n\}$ 表示对应作战任务的作战行动集合；Relation 表示关系集合，包括总体任务与具体任务间的实例化关系，任务与行动间纵向的整体与部分关系，行动间横向的时序逻辑关系；$\text{Time} = <\text{T\_Strat}, \text{T\_End}>$ 表示任务的时间参数，T_Start 为任务开始时间，T_End 为任务结束时间；$\text{Surroundings} = <\text{Geography}, \text{Weather}, \text{Electromagnet}>$ 表示执行任务的作战环境，Geography 为任务的空间位置，Weather 为任务的气象条件，Electromagnet 为任务的电磁环境；Rule 表示任务在执行中应遵守的基本军事规则，以坦克通过地雷场的规则为例，其中一条规则可描述为只有在开辟通路的情况下，坦克才能通过。

2. 作战行动本体的建立

作战行动是作战任务的基本组成要素，指作战单元在战场环境中所具备的能力或功能属性。作战效能评估首先是对作战行动效能的评估，对作战行动描述的准确程度将直接影响到评估的效果。采用非形式化的描述方法通常描述工作量大，容易产生歧义，而且描述的可重用性差，之间缺乏逻辑推理关系，很难形成领域的知识体系，效率低下。

本体作为信息领域的概念建模，是领域（特定领域或更广的范围）内部不同主体（人、机器、软件系统等）之间进行交流（对话、互操作、共享等）的一种语义基础。本体通过对于概念、术语及其相互关系的规范化描述，形成领域的知识体系。目前，在语义网、知识工程领域，已经开展了大量以本体为基础的知识表示、自动推理、知识共享的研究，取得了一系列研究成果。

因此，运用本体建模技术，通过引入作战行动本体的概念，对作战单元在作战过程中可能出现的作战行动的关键要素进行抽象，建立包含作战实体、动作等概念的本体库，进而达到资源重用的目的。

作战行动本体是在本体、信息本体的基础上发展建立的，其形式化定义和本体的一般定义有着相同的部分，同时也包含本领域的特殊部分。

定义 1：作战行动本体是一个四元组：

$$O:=\{C,R,\mathrm{Att},F\}$$

式中：C 表示军事本体中所有概念的集合；R 表示在军事本体定义中所有关系的集合，包括 InstanceOf, PartOf, BrotherOf, SubclassOf, equal, operate；Att 表示属性集合；F 为约束，分两种情况：一是 $F:\mathrm{Att}\rightarrow T$ 将属性与字面值对应起来（如 $\mathrm{range}(A)=\mathrm{string}$，表示属性 Att 的取值）表示值类型约束；二是基数约束，一般通过一阶谓词形式表达，如 $\forall$（实例 $\in$ 战例本体）：伤亡人数$\leqslant$参战兵力，表示对于战争本体伤亡人数肯定小于参战兵力。

定义 2：作战行动本体中的概念 C，是作战行动涉及的实体、动作等名词、动词的集合，具体描述如下：

<名词>::=<武器装备>|<部队>，描述发起作战行动，或受作战行动影响的部队和装备；

<动词>::=<任务>|<命令>|<报告>|<事件>，描述作战实体完成作战行动过程中所实施的具体行动。

定义 3：作战行动本体中的关系 R，具体描述作战行动本体中名词和名词、名词和动词以及动词与动词之间关系的集合，主要的关系包括。

（1）InstanceOf（名词 1，名词 2）：名词 1 是名词 2 的实例，类似于类和对象的关系，如 InstanceOf（摩托化步兵连，连）。

（2）PartOf（名词 1，名词 2）：名词 1 是名词 2 的一部分，如 PartOf（摩托化步兵团，摩托化步兵师）。

（3）BrotherOf（动词 1，动词 2）：动词 1、动词 2 之间具有一定的时序逻辑关系。

（4）SubclassOf（名词 1，名词 2）：名词 1 是名词 2 的子类，如 SubClassOf（枪炮，武器装备）。

（5）equal（名词 1，名词 2）：名词 1 和名词 2 具有相同的含义，如 equal（摩托化步兵团，摩步团）；equal（动词 1，动词 2）：动词 1 和动词 2 具有相同的含义。

（6）operate（名词 1，动词 x，名词 2）：名词 1 对名词 2 实施了“动词 x”所描述的动作，如 operate（常规导弹旅，发射，导弹）、operate（导弹，爆炸）等。

定义 4：作战行动本体中的属性 Att，是本体中的概念及关系特征的集合。

一般的本体侧重于反映现实，是对客观存在本质的一个系统的解释和说明，它更多地表现为一个分类体系；同时它是概念化的明确的说明，侧重于概念的规范定义，侧重于制订规范，更关注的是现实世界中的概念，概念的定义及概念之间的关系。

作战行动本体包含上述一般本体的两个基本特征，它与一般本体的最大区别是它包含概念间的活动——即概念间的动态关系，如操作等关系。

3. 作战任务关系的描述

战场态势是作战任务形成的依据，作战任务是驱动作战系统动态集成的动力。可见，作战任务在整个作战过程中处于非常重要的地位。因此，必须对作战任务描述中涉及的各种关系进行深入的研究。

通过利用作战行动本体中的 InstanceOf、PartOf 和 BrotherOf 3 类关系表达方式，分别从总体作战任务和具体作战任务之间、作战任务和作战行动之间、作战行动之间 3 个方面，分析它们之间存在的关系，以达到更加清晰地描述作战任务的目的。

1）作战任务之间的关系

作战任务之间的关系描述的是总体任务与具体任务之间的关系，从面向对象的角度来看，是一种抽象类与其实例化的关系。对应总体任务 Task 的具体作战任务集合 $\text{task} = \{\text{task}_1, \text{task}_2, \cdots, \text{task}_n\}$，若 $\forall \text{task}_i \in \text{task}(i = 1,2,\cdots,n)$，则 InstanceOf（$\text{task}_i$，task）表示具体作战任务 task_i 是总体作战任务 Task 的一个实例。

所谓总体任务，即作战任务，是指上级赋予的比较原则性的任务，是上级意图的体现。例如，向某团下达对敌纵深实施攻击的总体任务，对于这个团来说该任务是比较笼统的，需要指挥员根据敌情、作战目的、作战环境等情况，将总体作战任务进行逐级分解、规划，从而明确为本级下属作战单位能够执行的具体作战任务。

具体作战任务从形式上看就是具有一定语法结构的句子，即“主语 + 谓语 + 宾语 + 状语 + …”。这实际上明确了执行任务的作战单元、作战时间、作战地点以及作战目的，作战部队能够根据具体作战任务准确迅速地开展相应的行动。

由总体作战任务得到具体作战任务，实质上就是抽象概念实例化的过程。通常，一个总体作战任务可以对应多个具体作战任务，用统一建模语言（Unified Modeling Language，UML）类视图表示它们之间的关系，如图 3-1 所示。

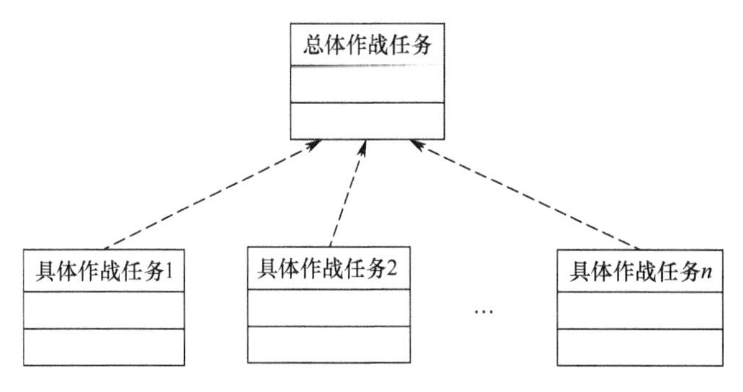

图 3-1　总体作战任务与具体作战任务关系图

2）作战任务和作战行动之间的关系

作战任务和作战行动之间是一种纵向的整体与部分关系。在总体作战任务实例化为具体作战任务的过程中，需要对作战任务进行层次化分解。由总体任务 Task 分解得到中间层的作战子任务集 SubTask = $\{subTask_1, subTask_2, \cdots, subTask_n\}$ 和作战行动集 Operation = $\{ope_1, ope_2, \cdots, ope_n\}$，若 $\forall subTask_i \in Task$（$i = 1, 2, \cdots, n$），则 PartOf（$subTask_i$，Task）表示作战子任务 $subTask_i$ 是总体任务 Task 的一部分；若 $\forall ope_i \in Operation$（$i = 1, 2, \cdots, n$），则 PartOf（$ope_i$，$subTask_i$）表示作战行动 ope_i 是作战子任务 $subTask_i$ 的一部分。

分解是研究复杂系统的一种通用思想，将内涵复杂的总体作战任务进行逐层分解，得到作战子任务，而作战子任务根据需要可以进一步分解为下一层子任务，最终得到不必要再分的作战行动，从而形成作战任务的层次结构，作战任务的层次关系如图 3-2 所示。图 3-2 中“1.. *”表示由 1 到多个组成。

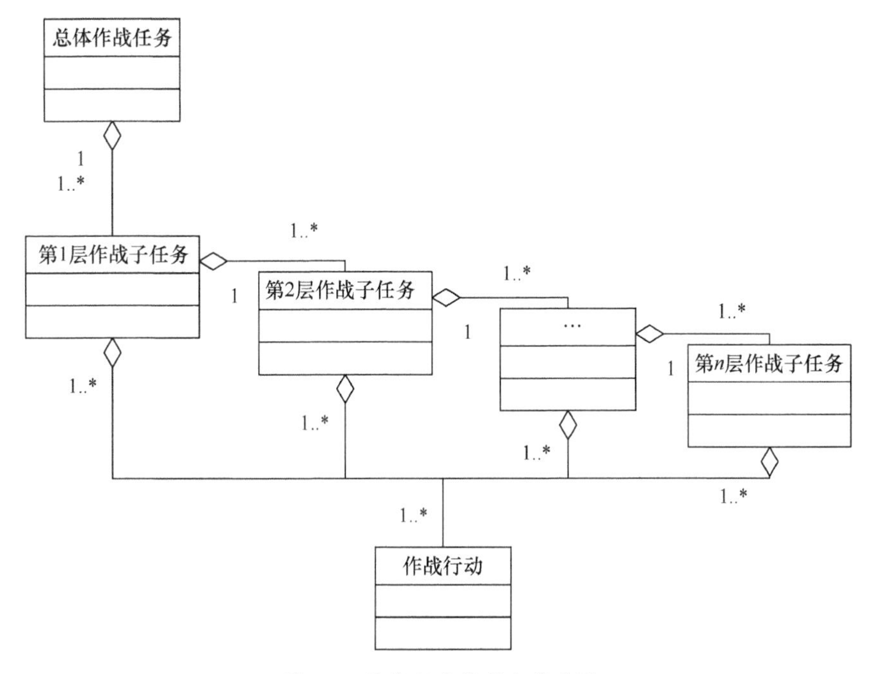

图 3-2　作战任务的层次关系图

根据研究战争规模大小的不同，任务的分解的粒度也是不同的。如果研究一个团级的进攻作战任务，分解到底层的作战行动可能是形成进攻队形、抢占制高点，进行火力打击等；如果研究一个单兵级别的射击任务，对作战行动的描述就不能停留在火力打击这样一个笼统的概念上，而应细化到拉枪栓、装子弹、射击等。由此可见，从任务分解本身的角度来看，作战任务与作战行动之间是一种相对的隶属关系，然而从具体作战应用的角度来看，作战任务、作战行动不是绝对的，而是动态变化的。在某个层次作战中作为作战行动进行研究的，在其较低层次的作战中可能就会作为作战任务进行研究，但是不论在何种层次研究作战任务，分解得到的作战行动一定是在本层次中不可分的基本战斗行为。

3）作战行动之间的关系

作战行动之间的关系是一种横向的时序逻辑关系。对应作战任务 Task 的作战行动集合 $\text{Operation} = \{\text{ope}_1, \text{ope}_2, \cdots, \text{ope}_n\}$，在行动执行的先后上表现为时序关系，包括顺序关系中的连续、间歇关系，以及并发关系中的相等、重叠、期间、开始、结束关系，在行动成败对任务成败的影响上表现为逻辑关系，包括与、或、选择、异或关系。综合考虑这两类关系，得到作战行动间的时序逻辑关系：

$$\text{BrotherOf} = \{\text{Seq\_And}, \text{Seq\_Cho}, \text{Par\_And}, \text{Par\_Or}, \text{Cir}, \text{Xor}\} \subseteq \text{ope}_1 \times \text{ope}_2 \times \cdots \times \text{ope}_n,$$

形式上为 n 维笛卡儿积的子集。

在此为了便于讨论，假设作战任务 Task 仅由两个作战行动组成，即 $\text{Operation} = \{\text{ope}_1, \text{ope}_2\}$，下面对作战行动间的各种时序逻辑关系进行描述。

（1）Seq_And：顺序“与”关系。若 Seq_And（ope_1，ope_2），则 $\text{T\_End}_{\text{ope}_1} < \text{T\_Start}_{\text{ope}_2}$，$\text{Task} = \text{ope}_1 \& \text{ope}_2$，表示 ope_2 的开始时间要晚于 ope_1 的结束时间，且 ope_1 与 ope_2 都成功执行，则任务 Task 成功。

（2）Seq_Cho：顺序“选择”关系。若 Seq_Cho（ope_1，ope_2），则 $\text{T\_End}_{\text{ope}_1} < \text{T\_Start}_{\text{ope}_2}$，$\text{ope}_1 \xrightarrow{\text{choose}} \text{ope}_2$，表示首先执行 ope_1，此时 ope_2 不执行；如果 ope_1 成功，则任务成功，ope_2 不再执行；如果 ope_1 失败，则 ope_2 作为备选任务顶替执行，任务的成败取决于 ope_2 的成功与否。

（3）Par_And：并发“与”关系。若 Par_And（ope_1，ope_2），则 $\text{Time}_{\text{ope}_1} \cap \text{Time}_{\text{ope}_2} \neq \varnothing$，$\text{Task} = \text{ope}_1 \& \text{ope}_2$，表示 ope_1 与 ope_2 在执行时间上有重叠，且 ope_1 与 ope_2 都成功执行，则任务 Task 成功。

（4）Par_Or：并发“或”关系。若 Par_Or（ope_1，ope_2），则 $\text{Time}_{\text{ope}_1} \cap \text{Time}_{\text{ope}_2} \neq \varnothing$，$\text{Task} = \text{ope}_1 \mid \text{ope}_2$，表示 ope_1 与 ope_2 在执行时间上有重叠，且 ope_1 与 ope_2 中有一个成功执行，则任务 Task 成功。

（5）Cir：循环关系。若 Cir（ope_1，ope_2），则 Seq_And（ope_1^i，ope_2^i）$\rightarrow$ Seq_And（ope_2^{i+1}，ope_1^{i+1}），表示在一定条件下，按照 ope_1，ope_2 的顺序反复循环执行。

（6）Xor：异或关系。若 Xor（ope_1，ope_2），则（ope_1，ope_2）$\Rightarrow \text{ope}_i$，$i = 1, 2$，表示 ope_1 与 ope_2 中有且只有一个行动会执行，且这个行动执行的成功与否直接决定了任务的成败。

以上针对作战行动间的时序关系，仅按照顺序和并发两大类进行了讨论，并未按照其具体分类进行详细划分，使用过程中可根据实际情况，从这六大类基本关系出发，生成新的关系。

4. 作战任务的形式化描述流程

首先对作战任务的概念进行形式化描述，其次纵向分析作战任务间的层次关系，最后横向研究作战行动间的时序逻辑关系，由此得到作战任务的形式化描述算法。

（1）形式化定义作战任务，建立作战行动本体。

（2）对总体作战任务进行逐级分解，得到不同层次的作战子任务。

（3）根据研究问题的粒度，判断是否需要继续分解当前最底层作战子任务，若需要则转（2），若不需要则转（4）。

（4）由分解的结果确定底层的作战行动。

（5）分析作战行动之间的时序逻辑关系。

（6）将作战行动分配给作战单元，建立作战行动能力需求与作战单元能力提供之间的映射关系。

（7）生成对应总体抽象任务的具体作战任务。

作战任务形式化描述的流程如图 3-3 所示。

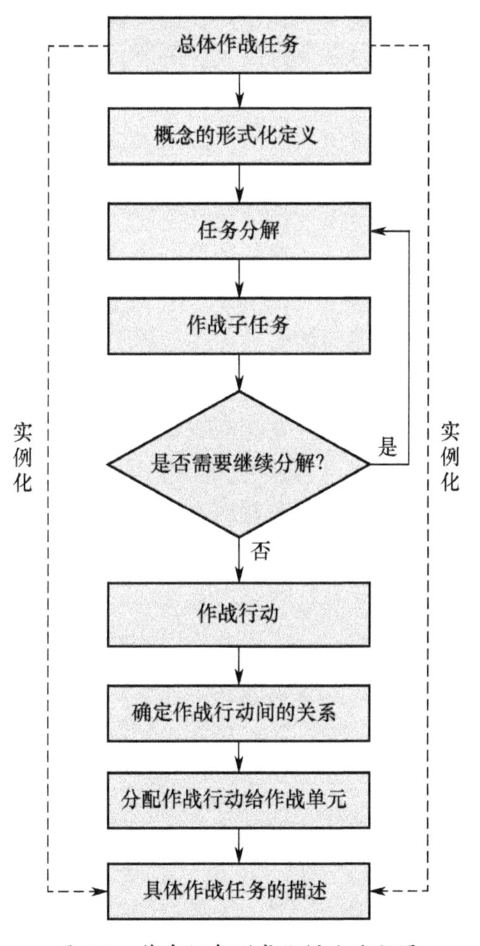

图 3-3 作战任务形式化描述流程图

3.1.2 作战效能概念及计算方法

效能是一个内涵和外延十分丰富、运用范围极其广泛的概念。《现代汉语词典》对效能的定义："事物所蕴藏的有利作用"。由于不同的研究人员站在不同的层次，出于不同的研究目的，所以对效能有着不同的解释和定义。

《中国人民解放军军语》中明确了作战效能的定义：作战力量在作战过程中发挥有效作用的程度，是反映和评价部队作战能力的尺度和标准。其中，作战力量是指用于遂行作战任务的各种组织、人员及武器装备等的统称；作战能力是指武装力量遂行作战任务的能力。

从《中国人民解放军军语》对作战效能的这一定义可以看出，作战效能与作战能力的概念既相互联系又相互区别。作战能力主要是指人员的表现或武器装备的性能，强调从作战力量自身出发研究其固有能力，通过完成任务量的实际值衡量作战能力的大小，例如，300mm 龙卷风火箭炮一发子母弹可以杀伤 $65hm^2$（公顷）以内的暴露步兵。而作战效能则强调运用武器系统的作战兵力执行作战任务所能达到预期目标的程度，着重以战果来度量完成作战任务的能力，例如，以攻占的地区大小、扼守住的目标、歼敌的数量等来计算完成任务的百分比，从而得到相应的作战效能值。作战效能的大小能够在一定程度上反映作战能力的高低，但不是必然的。例如，某炮兵营具有较高的作战能力，但是在执行某一具体火力打击任务时，由于指挥失误或不良天气影响，导致其击毁敌方目标数量很少，与预期目标的差距较大。此时，该炮兵营在作战过程中发挥作用的有效程度较小，相应其作战效能较低。通过分析作战效能的概念可知，作战力量发挥有效作用的程度与作战目的以及战场环境等因素密切相关，就其本质而言是完成作战任务的程度。

在军事运筹学中，按照研究对象的不同，可将效能分为武器系统效能和作战实体效能，具体分类如图 3-4 所示。

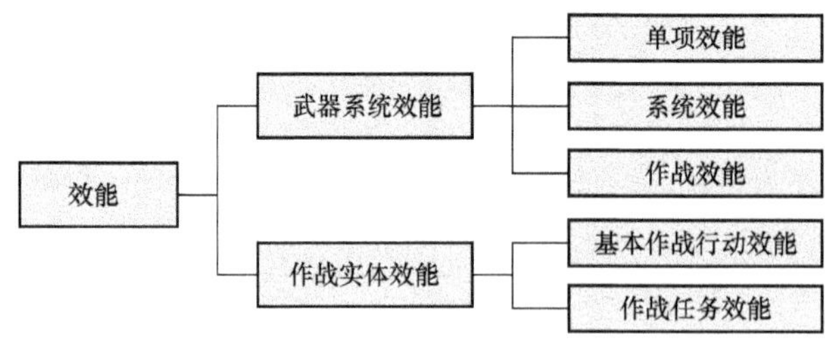

图 3-4 效能分类

武器系统效能关注的是武器系统被用来执行规定任务所能达到预期可能目

标的程度，包括：就单一使用目标而言的单项效能；一定条件下满足一组特定任务要求的系统效能，也称综合效能；对抗条件下达到预期目标的作战效能。

作战实体效能可理解为由人员和武器装备组成的军事力量，在一定环境条件下执行作战任务的有效程度，包括基本作战行动效能和作战任务效能。

从系统论的观点来看，无论是武器系统效能还是作战实体效能，其实都不过是复杂战争系统中不同层次子系统的效能。单项效能是系统效能的基础，系统效能是作战效能的前提，作战效能是武器系统的最终效能和根本质量特征。作战实体效能基于武器系统效能而高于其效能，其中作战任务效能又是基本作战行动效能的有机综合。武器系统效能主要考虑武器本身具有的能力以及在作战中所起的作用，作战实体效能则从作战目的出发，更强调运用武器装备的军事力量执行作战任务的效果，关注点是要完成的任务，使命要素更加明确。由于作战过程本身具有不确定性，因此作战实体效能更加动态，这些效能之间的关系如图 3-5 所示。

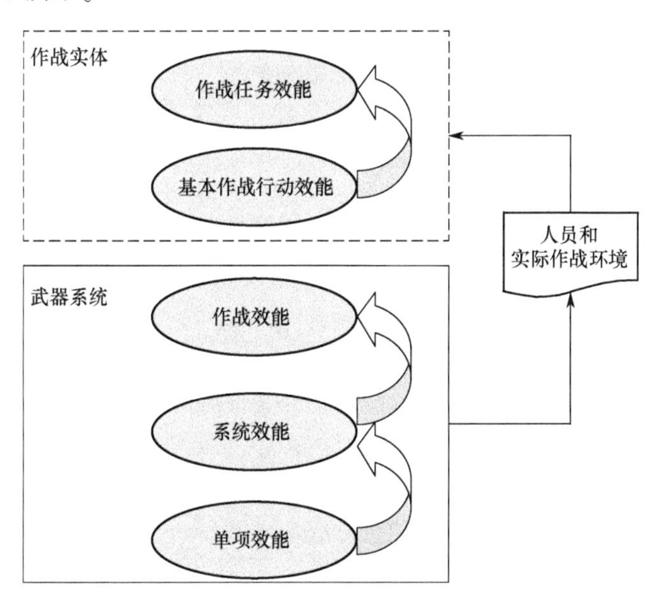

图 3-5　效能之间关系

本书主要讨论作战实体效能，将其定义为：作战单元在规定的条件下，完成预期作战任务的有效程度。它与一定的作战背景相联系，是动态的和对抗的。下面所指的作战效能如无特殊说明均指作战实体的效能，可以从以下 4 个方面进行理解。

（1）执行任务的主体——作战单元，指一定数量的人员和武器装备的编配，例如机步连、导弹营等。

（2）需要完成的目标——预期的作战任务，可以是一项基本作战行动任务或者是一个由多项基本作战行动组成的复杂作战任务。

（3）外部环境——规定的条件，包括战场环境（地形，天气等）、作战时间的约束。

（4）效能——完成任务的有效程度，指能够完成的任务与需要完成任务的符合程度。理论上效能应由完成任务的百分比来衡量，但实际上通常用完成100%任务的概率表示，如击毁敌机的概率是50%，则认为其作战效能就是50%。

由于作战任务可以分解为多个基本作战行动，这些行动之间存在一定的偏序关系，同时作战单元按照不同数量人员和武器的编配可划分为不同级别的军事力量。因此，为了使作战效能评估更明确更有针对性，可以从以下4个方面进行研究。

（1）基层部队（不可再细分）完成单项基本作战行动的效能；

（2）基层部队完成特定作战任务的效能；

（3）部队（由多个基层部队组成）完成单项基本作战行动的效能；

（4）部队完成作战任务的效能。

3.2　训练效果及其与作战效能的关系

从战争形态的发展演变来看，科学技术的进步必将引发战争样式的转变，作战样式的转变必将催生训练模式的变革。非机械化战争时代，部队训练的基本条件是手中的武器；机械化战时时代，部队训练的基本条件是训练基地；进入信息时代，部队训练的基本条件已经转变为作战环境的发展阶段。所谓“作战环境”训练，是指依托大型基地和现有武器装备，通过引进多维一体的模拟仿真手段，构建贴近实战的信息化战场环境，为部队实战化训练搭设必要的平台。

实战化训练就是由专职训练机构组织战区任务部队与模拟蓝军部队，在接近未来实战的战场环境和战役战术背景下，按照各自作战思想、作战原则和战术手段，为实现各自作战企图和完成作战任务，而进行的互为对手、互为条件的实兵实装对抗训练。

实战化训练通常是以实兵演习的方式组织部队进行合同战术或合同战役训练，通过这一组训形态增加部队训练的信息化含量和复杂程度，使受训部队在对抗中全面体验和感受近似实战的战场氛围，综合检验和提升战术运用水平。

研究部队实兵演习活动，要始终围绕构成实兵演习活动的三大主体——演习导演部、受训部队和训练环境进行。演习导演部导演、调理、指挥、控制受训部队并控制训练环境；受训部队在训练环境的影响下，除了接受导演部的导调指挥控制之外，还要实施对其下属部队的指挥控制；训练环境受导演部的控制，对受训部队实施环境影响。

构建信息化条件下的战场环境，就是要使受训部队在实战化环境中进行训练，为打赢信息化条件下的局部战争做好准备。实践是检验真理的唯一标准，通过实兵演习这一实践环节，演习现场的实测数据才能真正反映出武器装备的各项性能参数，才能真正反映出部队完成各项作战行动的能力。因此，在实兵演习过程中产生的各类训练效果数据能够为评估部队作战效能提供数据基础。

效果是指由某种力量、做法或因素产生的好的结果。一般而言，训练效果指的是受训部队达到训练目的的程度，而本书所讨论的训练效果实质上是一类训练数据，指受训部队在演习活动中完成特定作战行动的结果，即在同一时间单位内，进攻方的突入速度，夺占的地域以及攻防双方的伤亡损耗等。这样一来，部队在训练过程中执行各种作战行动的结果最终都反映在“时间”“空间位置”“速度”“战斗力”等的变化上。可见，训练效果的直接表现形式就是部队在作战过程中执行各项作战行动的效果数据，那么根据这些行动效果数据来评估作战效能就是一种基于训练效果的作战效能评估。图 3-6 表明了训练效果与作战效能评估之间的关系。

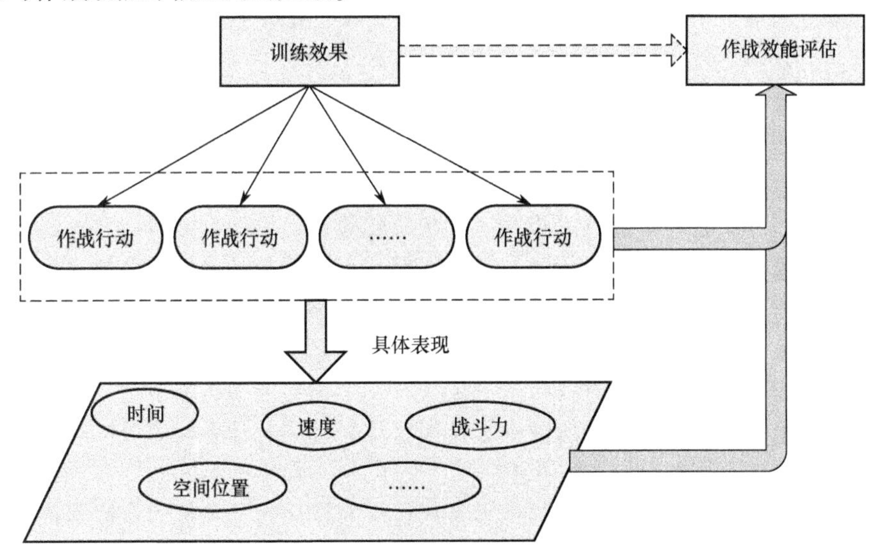

图 3-6　基于训练效果的作战效能评估

基于训练效果的作战效能评估就是要改变目前存在的“作战效能评估与训练演习考核”各行其是的状况，把作战效能评估与部队实兵演习紧密结合、融为一体。具体讲需要注意以下 4 个方面。

（1）要紧贴任务搞评估。针对不同作战任务、不同使命课题，系统研究确定效能评估的基本内容和评估标准，并按照遂行作战任务的全过程，科学设计组织实施效能评估的方法步骤和评定办法。

（2）要立足实战搞评估。当前最突出的是要设置以复杂电磁环境为核心的信息化条件下战场环境，使效能评估真正在信息化战争背景下进行，力求真实反映部队信息化条件下的作战能力水平。

（3）要结合演习搞评估。主要是克服当前依据“自定标准”、采取“静态检查”方式组织评估的习惯做法，把效能评估完全融入部队实兵演习的全过程。

（4）要依托对手搞评估。切实按照战术思想像“强敌”、装备性能像“强敌”、行动特点像“强敌”的要求，组建和培养模拟蓝军部队，使之真正成为锻造部队作战能力的“磨刀石”，成为客观评估部队作战效能的参照系。

3.3 作战资源及分配方法

本节在明确作战资源含义的基础上，给出其形式化描述，进而对作战资源分配进行需求分析，为下一步作战资源分配方法的提出打下基础。

3.3.1 作战资源的概念

通常作战资源是指参与作战的人员、物资、设备等。作战资源不仅包括火炮、坦克、舰艇、飞机等武器装备，而且还包括能够执行一定功能的任何作战单元，例如，实施地面进攻的步兵连和炮兵营等。

作战资源具备执行作战行动的功能，拥有不同的基本属性，例如，运行的速度、火力打击能力等。不同的作战资源往往具备不同的属性，每个资源又具有多种属性，通过将多个不同作战资源组合起来满足某一项作战行动的能力需求。一个作战资源可以同时执行多个任务，一个任务往往需要多个作战资源的协作。由于作战资源具备的属性不尽相同，在处理同一任务时需要的时间和完成的效果也是不同的。

因此，本书中作战资源指的是具备执行一定作战任务功能的作战实体。各种物资设备均依附于作战实体，从而完成特定的作战任务。为了便于采用计算机进行作战资源的分配，进而集成面向作战任务的作战资源，为指战员提供决策支持，将其形式化描述为以下四元组：

$$PL = < PLID, PLName, v, PLCap >$$

式中：PLID 表示作战资源的编号；PLName 表示作战资源的名称；v 表示作战资源的移动速度；PLCap 表示作战资源的能力属性，即执行作战任务的多种能力，可以用一个能力向量来表示 $PLCap = (PLCap_1, PLCap_2, \cdots, PLCap_m)$，$m$ 为作战资源的能力种类数量。

3.3.2 作战资源分配需求分析

作战任务规划是战争准备与实施过程中的一项重要工作，是赢得作战胜利的重要环节。现代信息化战争的动态性和不确定性，以及指挥控制与协同复杂等特点，给作战任务规划带来了新的挑战：要求规划的时效性越来越高，科学性越来越强，规划中的非结构化或半结构化问题越来越严重。作战资源分配作为作战任务规划环节中的一个重要步骤，对任务规划的结果——作战方案的生成具有至关重要的作用。因此，必须深入地研究各种规划技术，建立先进灵活的作战资源分配模型及其求解算法，从而能够在战时高效地辅助制订合理、可靠的作战计划。

作战过程中基于资源约束的任务调度具有显著的动态性，这一特点要求必须对作战资源进行动态分配。在作战资源发生冲突的情况下，如何进行任务调度以减少冲突，提高资源的分配效率，使完成总体任务的可能性最大，是基于效能的作战资源分配需要解决的关键问题。

从时间上看，作战任务过程表现为一系列总体作战任务分解出的子任务以及作战行动的并发、串行和交叉耦合，作战任务规划的动态性主要体现在以下几个方面。

（1）战场环境的动态变化影响作战任务的实施；

（2）任务总体完成时间和作战资源的动态变化制约着各个作战行动的完成；

（3）作战任务执行过程中存在着迭代和反复现象，并且新任务有可能在某一时刻插入造成分解的作战行动总量不确定性；

（4）作战行动具有一定的执行时间，使得完成该行动的作战资源也存在不确定性，表现为作战资源的参与以及行动完成后的离开都是动态的。

作战任务规划的动态性，是对整个作战过程及其中的所有作战行动进行统一控制和安排，而作战资源的分配算法是其核心技术。作战资源分配过程中一旦发现存在某种冲突，例如，作战单元冲突、时间冲突等，则应及时针对作战计划的实施过程进行优化调整。

在作战资源分配中要对任务按照一定的规则进行合理的分配，以实现在正确的时间将正确的作战行动分配给正确的作战单元执行，从而达到优化作战资源配置的目的。

在对作战资源分配时，必须充分考虑作战单元、时间和效能的约束，具体包括以下几个方面。

（1）作战单元的利用情况，包括作战单元的种类和数量等；

（2）对于给定的作战单元，如何在分解出的多个作战行动中分配这些作战单元，均衡利用资源并且使得任务的总体完成时间最短；

（3）考虑到不同作战单元在完成作战行动时具有不同的作战效能，如何在分解出的多个作战行动中分配这些作战单元，使得总体任务的作战效能最大；

（4）如何在任务总体完成时间较短的同时提高作战任务效能？需要确定一种作战单元－行动优先级来调节这二者之间的关系。

3.4　部队训练、作战效能评估及作战资源分配的流程和方法

合理高效的求解框架是问题解决的基础和指南，本节在前面对问题相关概念描述的基础上，根据作战效能评估及作战资源分配的需求，提出了部队训练、作战效能评估及作战资源分配的流程和方法，立足于解决基于训练效果的部队作战效能评估及作战任务规划中的关键问题，重点针对作战行动效果数据建模、作战行动效果数据统计、作战行动效能评估、作战任务效能评估、基于效能的作战资源分配建模与求解等方法进行讨论和研究。以下采用基于构件技术的分层模式来构建基于训练效果的部队作战效能评估及作战资源分配方法框架，如图 3-7 所示。

1. 基础层

基础层主要是明确基于训练效果的部队作战效能评估相关概念定义，通过对作战任务的形式化描述，达到对概念一致理解的目的。作战任务的形式化描述是对现实军事领域知识的第一层抽象，是军事专家与技术人员沟通的桥梁，对于各个信息系统共同理解作战任务的内涵及执行过程具有至关重要的作用。在此基础上，分析作战效能和训练效果的含义，进一步明确训练效果与作战效能之间的关系。基础层为本书的研究划清问题的边界和范围，为各层提供基本概念的支持，为上层作战效能的评估提供依据。

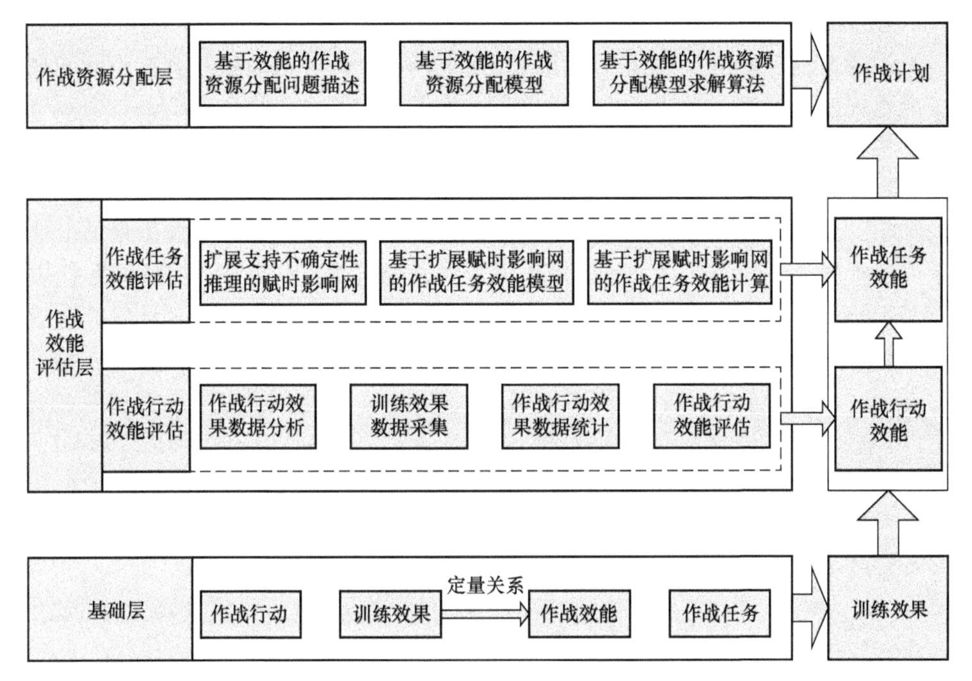

图 3-7　基于训练效果的部队作战效能评估及作战资源分配方法总体框架图

2. 作战效能评估层

作战效能评估层是实现基于效能的作战资源分配的前提条件，分为作战行动效能评估和作战任务效能评估两个部分，其中作战行动效能评估又是作战任务效能评估的基础。

作战行动效能评估包括作战行动效果数据分析，主要明确了作战行动效果数据的组成，建立相应的数据模型，为定量化描述提供手段；训练效果数据采集，主要指自动和人工两种数据采集模式，为作战行动的效能评估提供基础数据；作战行动效果数据统计，主要采用统计分析的方法，确定作战行动效果数据的分布函数；作战行动效能评估，主要是基于行动效果数据的分布函数，结合行动指标需求，评估作战行动的效能。

作战任务效能评估主要包括扩展支持不确定性推理的赋时影响网，针对作战任务效能评估的特点，从时间约束和模型参数确定两个方面扩展赋时影响网；基于扩展赋时影响网的作战任务效能评估模型，主要从作战行动之间因果影响的角度，构建作战任务的效能评估模型；基于扩展赋时影响网的作战任务效能计算，主要在作战任务效能模型的基础上，提出作战任务效能的计算步骤，最终得到部队完成特定作战任务的效能。

3. 作战资源分配层

作战资源分配层是根据部队执行作战行动的效能，以缩短任务完成时间和提高作战任务效能为目标，将作战单元合理地分配给多个作战行动，其中主要包括基于效能的作战资源分配问题描述，主要明确作战资源分配在作战任务规划三阶段中的地位和作用，分析基于效能的作战资源分配与一般作战资源分配的异同；基于效能的作战资源分配模型，主要从完成作战任务效能的角度，构建作战资源分配模型；基于效能的作战资源分配模型求解算法，主要结合扩展赋时影响网和改进多优先级列表动态规划两种算法，计算得到经过优化的作战资源分配方案，从而辅助作战计划的生成。

3.5 小 结

本章从解决作战效能评估和作战任务规划问题的总体思路出发，研究了问题求解的方法学原理，包括以下几个方面的工作。

（1）分析了作战任务概念和组成，并利用八元组结构给出其形式化定义。在建立作战行动本体的基础上，描述了作战任务中的3类关系：总体作战任务与具体作战任务间的实例化关系、作战任务与作战行动间纵向的层次结构关系、作战行动间横向的时序逻辑关系。依据作战任务的特点，提出了一种作战任务的形式化描述流程。

（2）在分析效能含义的基础上，给出了作战实体效能的定义，即本书所讨论的作战效能，具体包括作战行动效能和作战任务效能。确定了训练效果的内容和范围，并指出训练效果与作战效能的依赖关系。

（3）明确了作战资源的概念，在对作战资源分配进行需求分析的基础上，提出了解决基于训练效果的部队作战效能评估及作战资源分配问题的总体框架。该框架在纵向上分为基础层，作战效能评估层和作战资源分配层，根据底层的训练效果数据生成顶层的作战计划，为部队作战效能评估及任务规划提供了有力的理论指导。

第4章　基于训练效果的作战行动效能评估方法

普鲁士将军 Karl von Clausewitz 曾经说过："战争是不确定的王国，战争所依据的四分之三因素或多或少地被不确定性因素的迷雾包围着"。近年来随着信息化战争的深入发展，各种新武器、新技术不断涌现，更是大大增加了现代战场的不确定性因素，给作战效能评估工作提出了新的挑战。

按照指标数据来源可将效能评估的方法分为两大类：一是源于经验的评估方法；二是源于实战、实验的评估方法。前者由于大量引入人为因素，往往会出现"公说公有理，婆说婆有理"的现象，评估结果颇受质疑；后者由于基于实际作战数据，被认为是一种客观可信的评估方法，但是数据的获取需要耗费较大的人力物力，不易实施。评估的目标是追求客观公正，数据是基础，必须坚持在对抗中采集"一线"数据。近年来，全军各训练基地多次组织建制部队进行实兵对抗演习，并且依托现代化的组训方式，已具备了信息化条件下数据采集的技术和能力。通过各类信息采集终端，能够为效能评估提供近实战条件下的训练数据，从而研究以作战行动为中心的数据采集模式。由于作战行动数据的种类繁多而且数据量巨大，如何概括描述它们，也是一个亟待解决的问题。另外，作战过程充满了不确定因素，同一项任务可能每次采集的效果数据都不相同，从一定训练时期来看，可以将这些效果数据作为随机变量，利用统计分析的方法发现它们的整体结构和规律，并在此基础上开展作战行动效能评估方法的研究。

4.1　作战行动及其效果数据分析

通过对作战行动效果数据组成的分析，建立相应的数据模型，明确数据采集的内容，从而为统计分析和效能评估提供准确的行动效果数据。

4.1.1　作战行动效果数据的组成

一项作战行动完成情况的好坏，总是通过与该作战行动相关的一系列效果数据表现出来的，这些效果数据与具体的作战行动密切相关，不同的作战行动所表现出效果数据的类型也是不同的。根据数据量纲的不同，可以将行动效果属性数据划分为有量纲数据和无量纲数据两大类。对于有量纲数据，多数能够通过测量手段直接获得，例如，在各种地形上的行进速度、攻防双方人员的伤亡数量、炮兵火力的压制面积等。对于无量纲数据又可以分为两种情况：一是定性数据，其自身并没有数量单位，如部队作战士气的高低、主攻方向是否符合上级的意图等，这类数据通常不能由观测直接获得，需要军事专家根据具体情况判断，给出定性的结果；二是比例数据，如衡量打击效果的命中概率、毁伤概率等，这类数据通常是对有量纲观测数据的进一步计算，在运算的过程中，观测数据的量纲相互抵消，结果为一类百分比数据。

此外，作战行动总是由特定的作战单元在一定的战场环境下完成的，受到作战单元自身以及外界自然、人为因素的影响。这些影响因素制约着作战行动的执行效果，因此，也应作为行动效果数据的一部分。由此可知，作战行动效果数据的组成如图 4-1 所示。

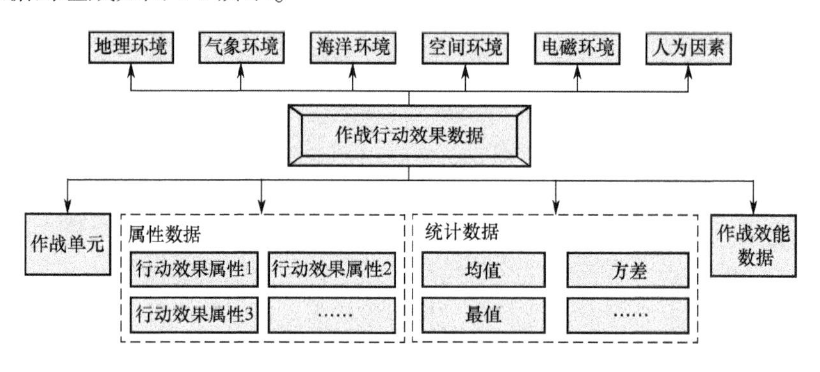

图 4-1　作战行动效果数据组成图

总体而言，作战行动效果数据可以划分为 3 个部分。①每次演习采集的数据，包括行动效果属性数据、作战单元和外界影响因素数据。行动效果属性数据体现了作战行动内在的自身特点，一项作战行动可以具有多个效果属性数据，而不同作战行动的效果属性数据往往也是不同的。作战单元是执行任务的主体，同一项作战行动由不同的作战单元来完成，其行动的效果通常是不同的。外界影响因素数据包括地理环境、气象条件、电磁环境等自然因素数据，例如，公路等级、坡度类型、天气状况等，以及其他人为因素数据，如人工障碍、是否遭敌火力袭击、战场密度等。虽然这些数据不能反映行动效果的本质，但是它们制约着行动效果的发挥，所以也是作战行动效果数据重要的一部分。②统计数据，指根据演习采集到的数据，挖掘出不同影响因素下的效果统计数据，包括均值、方差、最值等。统计数据是演习采集数据的进一步加工，反映一定时期内部队作战训练效果的统计特性。③作战效能数据，指根据效果统计数据及作战任务需求，采用一定数学方法得到的在特定外界环境影响下，由某个作战单元完成某项作战行动的概率值。

4.1.2　作战行动效果数据模型

作战行动效果数据模型是关于作战行动中行动效果数据实体及相互关系的描述方法，是一种对作战行动相关数据格式化的组织形式。通过作战行动效果数据模型的构建，可以明确下一步效果数据采集的内容，为数据的存储和信息系统的集成提供良好的灵活性。

通常，数据模型包括概念数据模型、逻辑数据模型、物理数据模型和应用数据字典四个部分。概念数据模型也称信息模型，它是按用户的观点来对数据和信息建模，主要体现军事训练基础数据的业务需求，帮助用户明确数据需求。逻辑数据模型是用户从数据库角度所看到的模型，虽然其隐藏了一些数据存储的细节，但是通过数据建模工具可以直接转换为物理数据模型。物理数据模型是面向计算机物理表示的模型。逻辑数据模型和物理数据模型用于指导数据库的设计、应用和管理。应用数据字典是各类标准数据和编码规则的集合，用于指导数据的编码、交换等工作。

作战行动效果数据模型的构建分为 3 个阶段：作战行动效果概念模型、作战行动效果逻辑模型、作战行动效果物理模型。每种模型分别由对应的模型图和定义表来描述，下面从这 3 个阶段简要论述作战行动效果数据模型构建。

1. 作战行动效果概念模型

概念模型可以用实体关系图来描述作战行动效果数据实体的属性及其相互关系，并通过数据字典准确描述和定义实体、关系和属性。作战行动效果数据实体包含作战单元、行动名称、行动效果属性数据、影响因素，效果统计数据和作战效能数据，具体描述见表 4-1。

表 4-1　作战行动效果数据实体定义表

序 号	名 称	提供单位或维护单位	说 明
1	作战单元	某单位	描述作战单元基本情况
2	行动名称	某单位	描述行动基本情况
3	行动效果属性数据	某单位	记录作战单元执行各种行动的效能指标值
4	影响因素	某单位	描述影响行动效果的环境因素情况
5	效果统计数据	某单位	描述行动效果数据的统计特性
6	作战效能数据	某单位	描述作战单元完成作战行动的概率

作战行动效果数据实体关系如图 4-2 所示。

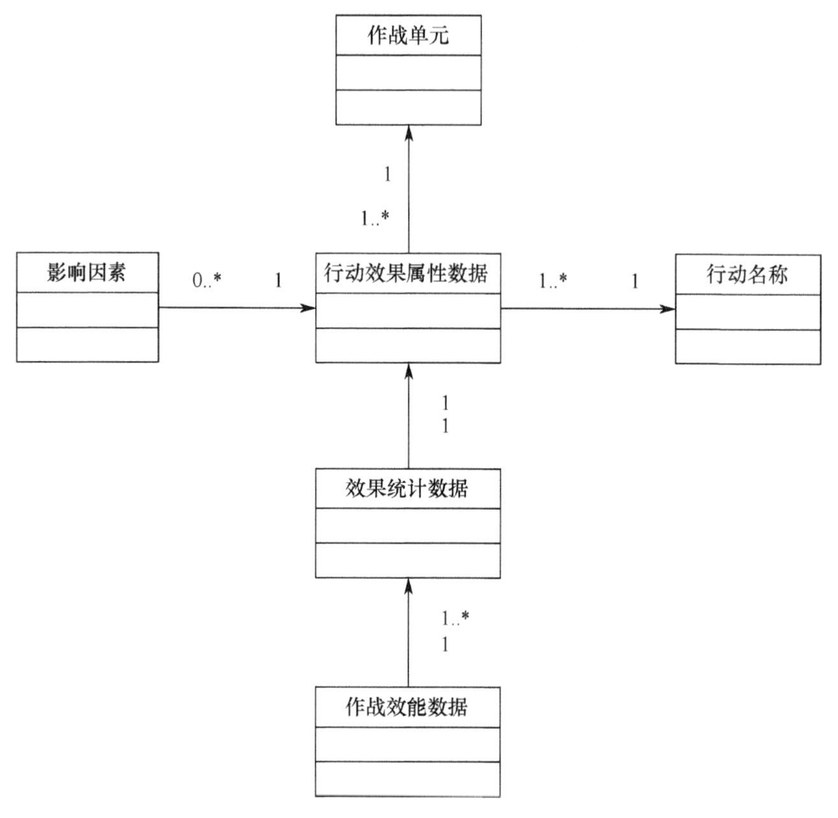

图 4-2　作战行动效果概念模型图

不同级别的作战单元完成同一项作战行动，其相应的效果数据往往是不同的，一项作战行动通常具有多个效果属性数据，这些效果属性数据从不同角度体现了行动的执行结果，而作战行动是在一定环境下完成的，行动的每一项效果属性都可能受到多种环境因素的制约。通过一定量演习数据的积累，针对行动的每个效果属性数据，都能够得到其相应的统计数据。根据每项行动的多个效果统计数据，进一步综合计算得到作战单元完成作战行动的效能数据。

2. 作战行动效果逻辑模型

逻辑模型是在概念模型的基础上构建而成，构建逻辑模型需要完善补充实体属性的数据类型、长度、约束、量纲等内容。在逻辑模型的基础上还需要定义表实体、表属性、表关系和域等内容，是数据库管理系统能够支持的一类模型。用户从数据库角度所看到的模型正是逻辑模型，其隐藏了一些数据存储的细节，但通过数据建模工具可以直接转换为物理模型。图 4-3 所示为与作战行动效果概念模型图 4-2 相对应的作战行动效果逻辑模型图，其中“0.. *”表示由 0 到多个组成。

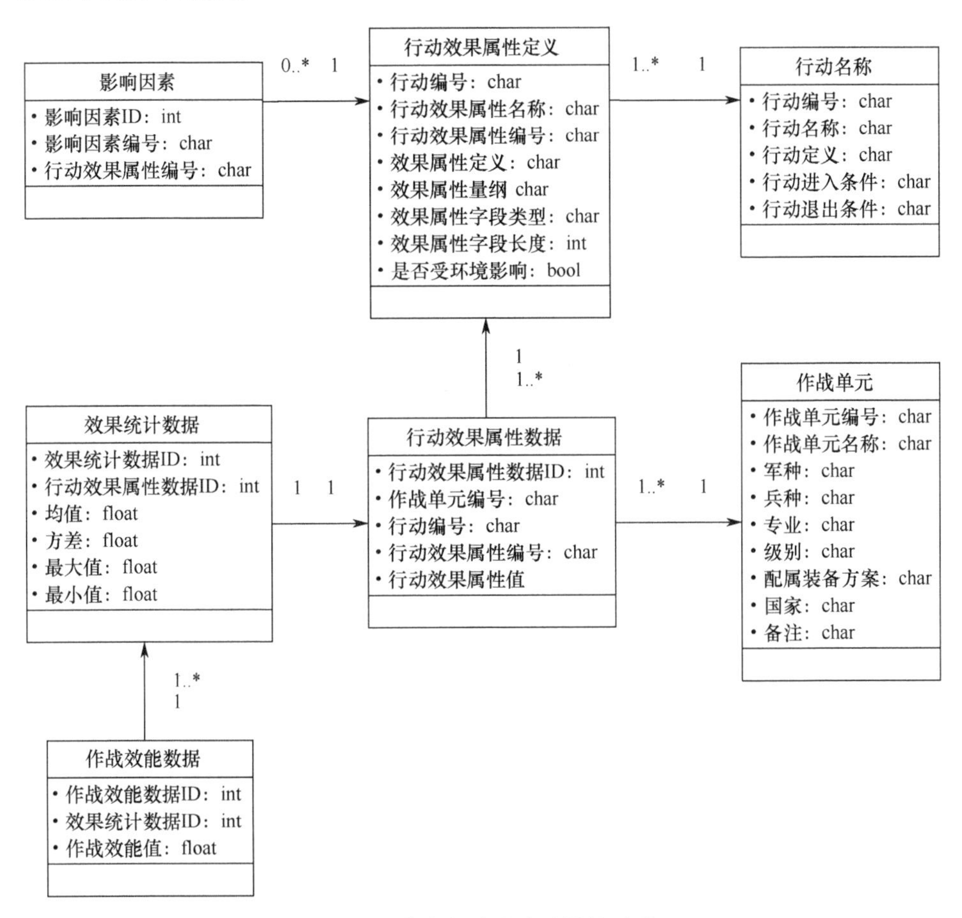

图 4-3　作战行动效果逻辑模型图

3. 作战行动效果物理模型

物理模型是面向计算机物理表示的模型，描述了在储存介质上数据的组织结构，其不但与具体的数据库管理系统有关，而且还与操作系统和硬件有关。在实现的过程中，每一种逻辑模型与一个物理模型相对应。为了保证物理模型的独立性与可移植性，大部分物理模型的实现工作由数据库管理系统自动完成，如物理存取方式、数据存储结构、数据存放位置和存储分配等在逻辑模型的基础上自动完成，而设计者只需设计索引、聚集等特殊结构。因此，在设计作战行动效果物理模型时，不再考虑物理存取方式等内容的构建。图 4-4 所示为与作战行动效果逻辑模型图 4-3 相对应的作战行动效果物理模型图，其中 PK（Primary Key）表示主键，FK（Foreign Key）表示外键。

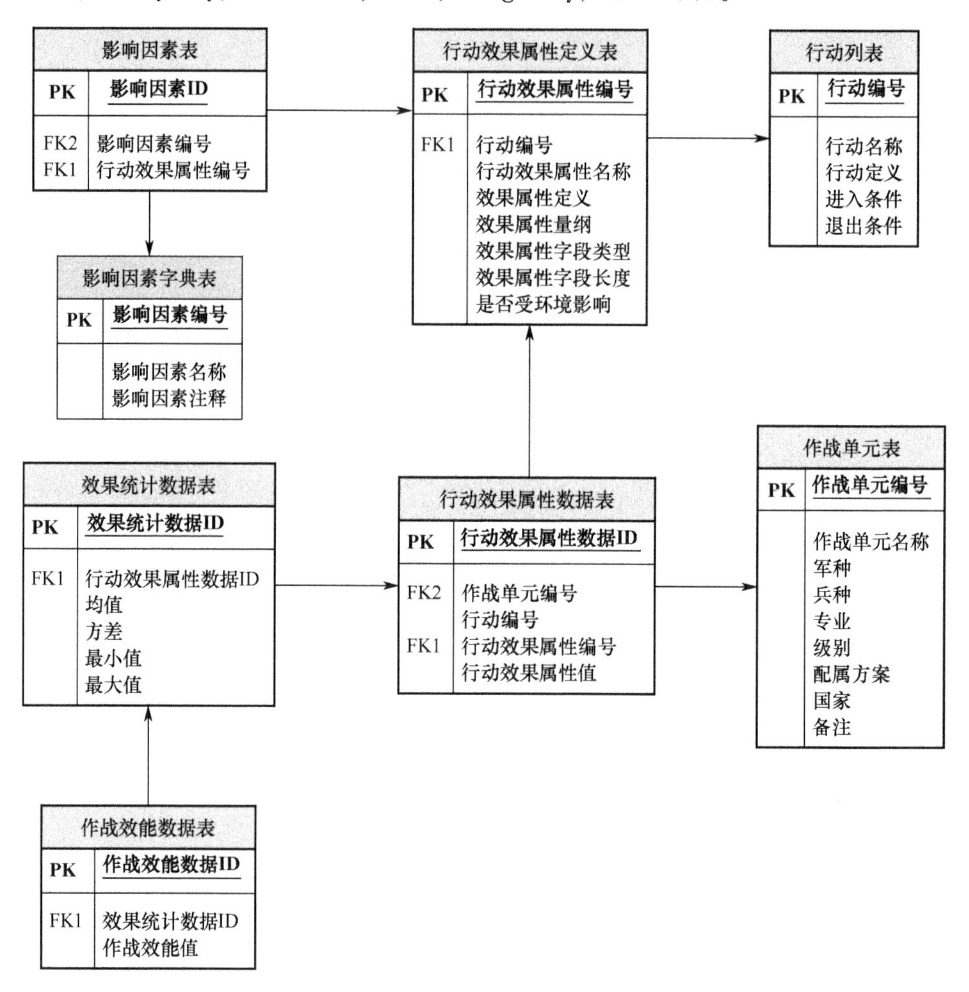

图 4-4　作战行动效果物理模型图

4.2　作战行动效果数据采集方法

作战行动效果数据的采集应以作战行动为中心，采集与作战行动相关的效果数据。作战行动效果数据的组成及其模型实际上已经明确了相关的效果数据内容，在训练过程中，作战行动效果数据并不是以显示的、完整的形式展现在指挥员面前，而是需要从众多的训练数据中提取与作战行动密切相关的数据，从而完整地描述一次作战行动。数据采集是一种数据获取过程，目的是对采集的数据进行分析，发掘数据背后隐藏的作战规律，进而评估部队作战效能。为此，需要研究合理可行的数据采集方法，以保证数据分析及效能评估的准确性。

4.2.1　作战行动效果数据采集的复杂性

部队作战训练过程涉及兵力、武器装备、位置、时间、模拟系统等多种因素，是一个复杂的动态过程。对其进行的数据采集与各种数据采集源、采集工具、采集目的密切相关，使得作战行动效果数据采集呈现出一定的复杂性，如图 4-5 所示。

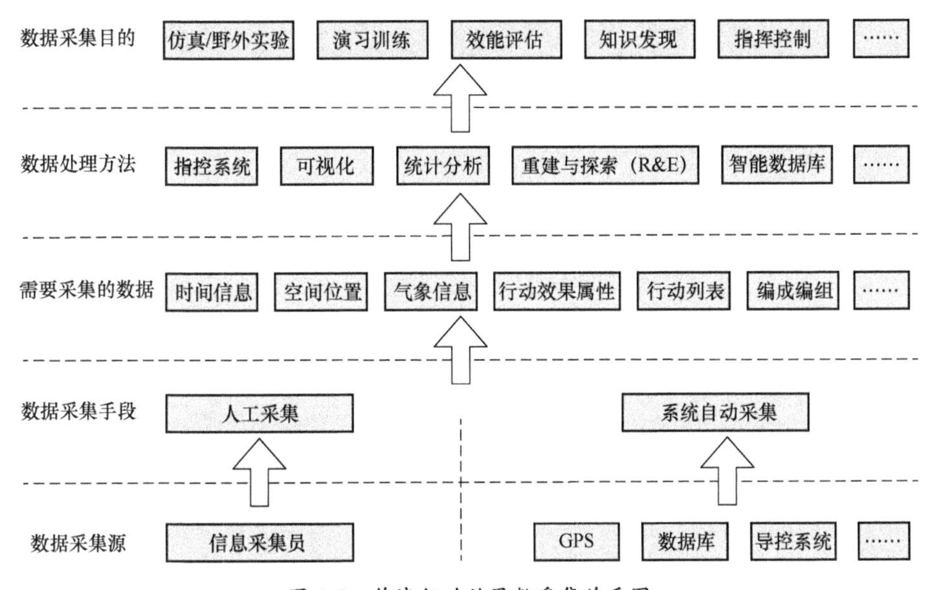

图 4-5　作战行动效果数采集关系图

图 4-5 中从数据采集源到最终的数据应用，上层的应用总是依赖于下层的支持。明确了数据采集过程中各层次之间的关系，为进一步的作战行动效果数据采集工作打下良好基础。

4.2.2　作战行动效果数据采集方法

作战行动效果数据采集方法可以分为系统自动采集和人工采集两种方式。

1. 系统自动采集

系统自动采集是基于部队现有的训练信息系统，在演习开始前将作战行动效果数据采集软件部署到各个采集节点，演习进行时数据采集人员通过数据采集系统编辑数据采集策略，即明确需要采集的作战行动效果数据，并下发至采集节点，由节点的采集软件完成自动化的采集，自动采集过程如图4-6所示。

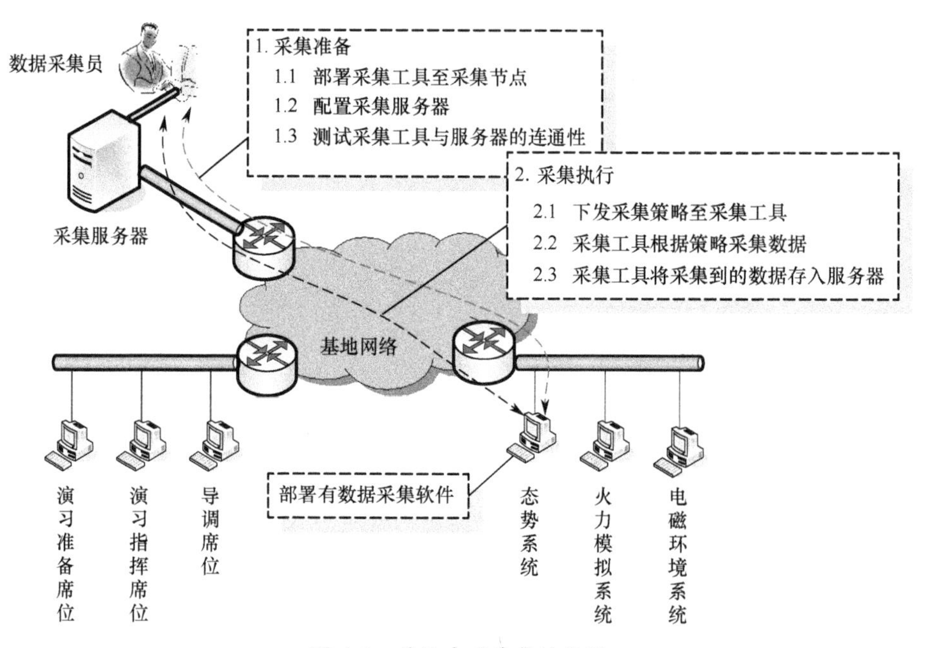

图4-6　系统自动采集过程图

当有部分作战行动效果数据无法通过训练信息系统获得时，数据采集员可以通过数据采集系统手动的添加信息，为数据打上相应的“标记”，便于事后的分析。

2. 人工采集

人工采集主要是由导调员或者专门的数据采集人员跟随参演部队，通过手持设备（PDA）实时采集相关作战行动效果数据。PDA中安装了作战行动数据采集软件，与系统自动采集时的采集软件不同，该采集软件由数据采集人员手动输入各项需要采集的效果数据。演习开始前，确定本次演习重点关注的作战行动列表及其效果数据，将它们录入到PDA的采集软件中。演习进行时数据采集人员根据作战行动列表：首先将观测到的各类行动效果数据录入到PDA中；然后通过无线信号传回到导演部的数据采集服务器中，人工采集过程如图4-7所示。

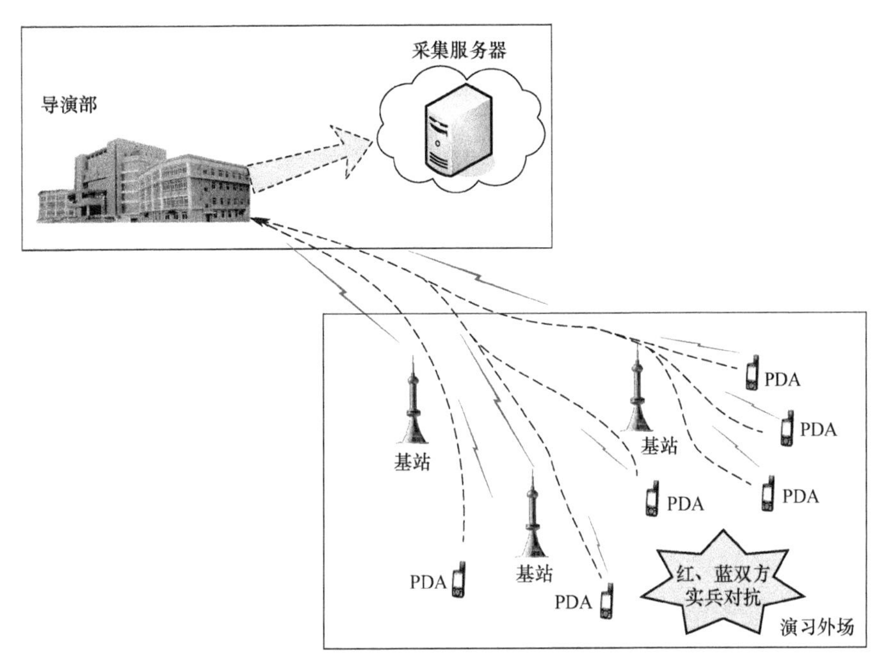

图4-7　人工采集过程图

在某些时候，部队现有信息系统的采集前端无法获取作战行动的相关数据，特别对于像部队士气、是否符合战术要求之类的定性数据，人工采集显得尤为重要。人工数据采集作为系统自动采集的一种有效补充，使作战行动效果数据的内容更加全面。

4.3　作战行动效果数据统计分析

为了使作战行动效果数据统计分析更加具有针对性：首先研究作战行动效果数据统计的基本方法；然后利用朴素贝叶斯网对其分类，统计每一组类别下的效果数据，最后根据数据的统计规律，进一步提出确定其分布函数的方法。

4.3.1　作战行动效果数据的统计方法

对数据的统计分析包括数据的描述性统计和推断性统计。描述性统计是基于样本的总体，通过将数量众多测量值缩减到几个描述性的统计量，从而迅速地理解样本总体所包含的信息。推断性统计是基于总体样本的一个抽样，即可利用的测量值是总体样本的一部分，除了需要描述概括这个样本数据外，更加关注样本中变量间的关系。为了区分总体的描述性度量与样本的描述性度量，前者称为参数，后者称为统计量。对于部队作战这一实际问题进行统计分析时，一般无法得到行动效果数据的总体，也就不能计算各种参数的数值，但是可以通过计算来自总体的部分样本统计量去估计相应的总体参数。按照描述性统计和推断性统计划分，数据统计方法的总体分类如图 4-8 所示。

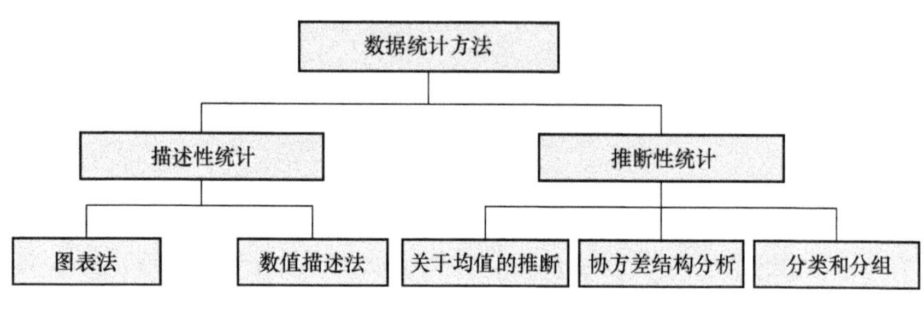

图 4-8　数据统计方法总体分类

每个分类下都对应多种具体的数据统计方法，通常需要根据实际的问题和作战行动效果数据的类型选择合适的方法，描述数据的统计特性。对作战行动效果数据进行统计分析：首先应该对样本中各个变量的数据分别进行描述性统计；然后要研究变量之间的相互关系，对于作战行动效果数据而言，就是关注各种人为因素、自然条件与行动效果本身之间的联系。

描述性统计是作战行动效果数据分析的基础，数据描述方法总体分类如图 4-9 所示。

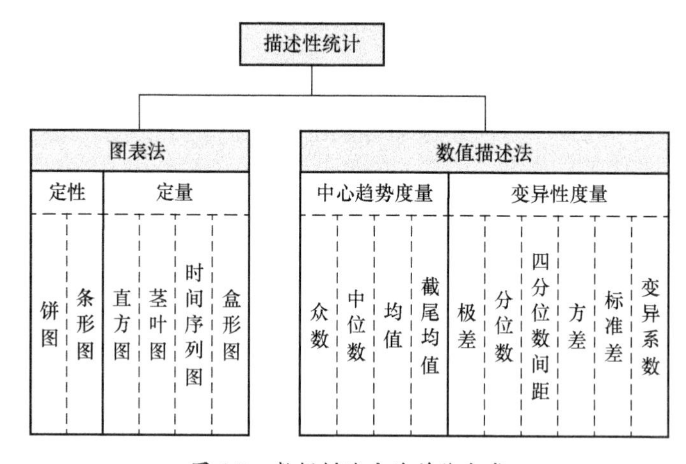

图 4-9　数据描述方法总体分类

上述图表使人们对数据产生直观的认识，是进行数据分析的重要手段。虽然，在表达方式上存在一定的局限性，不能同时对多个变量的所有测量值作图并研究其形状，但是从一维、二维和三维的数据图形中，研究人员仍然能够迅速获取数据的很多重要信息。

以射击成绩统计为例，这里只针对作战行动效果数据进行统计，并且暂时假设仅有一种效果属性数据，假设有 A、B 两个班，每个班 10 个人，进行射击比赛。每次射击成绩按班计算，为 10 个人的成绩总和，满分为 100 分，共进行 20 次射击，则 A、B 两个班射击成绩的盒形图如图 4-10 所示。

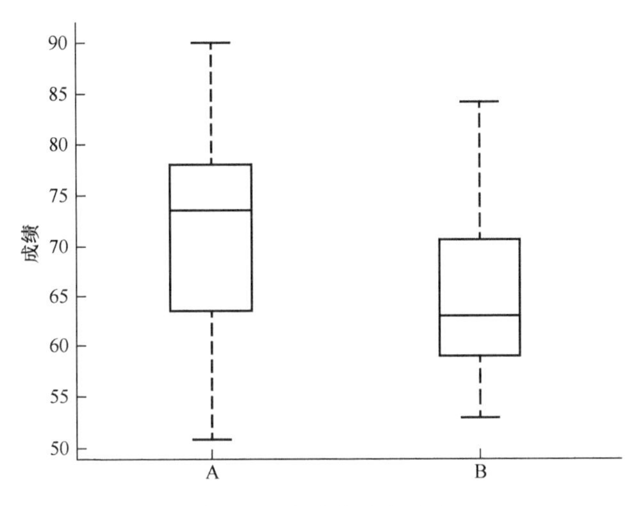

图 4-10　射击成绩盒形图

从图 4-10 中可以明显看到，A 班的成绩呈单峰对称分布，B 班的成绩呈单峰右偏分布。A 班的整体射击成绩优于 B 班，但是 A 班具有更大的变异性，表明 A 班的射击水平不稳定。盒形图是“粗略”描绘数据分布的有效工具，特别在比较两组或多组数据的分布时，通过比较盒子的位置、大小与盒须的长短等特征，可以迅速判断这些分布之间是否存在显著性差异。

图 4-10 是对数据的一种初步感性认识，而数值描述是对图形及各种现象的理性反映。人们认识事物的过程总是从感性逐渐上升到理性。因此，需要从数值统计量的角度更加深刻地认识数据的内涵。常用的两类数值描述性度量是中心趋势度量与变异性度量。中心趋势度量提供了一种定位测量，即一个数据集的“中心值”，而变异性度量则反映了这些数据的分布程度或变差。

当研究人员试图了解某种自然现象或社会现象时，通常会选择 $n(n \geqslant 1)$ 个变量或事物的特征进行记录。同样地，对于某一特定的作战行动，其效果属性数据通常是一个多维向量，可以表示为 $\boldsymbol{x} = \{x_1, x_2, \cdots, x_n\}$，向量的每一维都从一个侧面反映了行动的执行效果。假设某一项作战行动共执行了 m 次，用 x_{ij} 表示第 j 个变量在第 i 次观测中得到的数值，即 x_{ij} = 第 j 个变量的第 i 次测量值。因此，可以用一个 m 行 n 列的矩阵来表示作战行动效果属性数据，即

$$X = \begin{pmatrix} x_{11} & x_{12} & \cdots & x_{1j} & \cdots & x_{1n} \\ x_{21} & x_{22} & \cdots & x_{2j} & \cdots & x_{2n} \\ \vdots & \vdots & & \vdots & & \vdots \\ x_{i1} & x_{i2} & \cdots & x_{ij} & \cdots & x_{in} \\ \vdots & \vdots & & \vdots & & \vdots \\ x_{m1} & x_{m2} & \cdots & x_{mj} & \cdots & x_{mn} \end{pmatrix}$$

由此可见，$\boldsymbol{X}$ 就是此项作战行动效果数据的一个样本集。

设作战行动效果属性数据第一个变量 x_1 的 m 个测量值为 $x_{11},x_{21},\cdots,x_{m1}$，则这些测量值的样本均值为

$$\overline{x_1} = \frac{1}{m}\sum_{i=1}^{m} x_{i1}$$

那么样本集 $\boldsymbol{X}$ 中 n 个变量的样本均值可表示为

$$\overline{x_j} = \frac{1}{m}\sum_{i=1}^{m} x_{ij} \quad j = 1,2,\cdots,n$$

对于第一个变量 x_1 而言，其分布程度由样本方差给出，定义为

$$s_1^2 = \frac{1}{m}\sum_{i=1}^{m} (x_{i1} - \overline{x_1})^2$$

式中：$\overline{x_1}$ 是变量 x_1 的样本均值。

一般地，样本集 $\boldsymbol{X}$ 中 n 个变量的样本方差可表示为

$$s_j^2 = s_{jj} = \frac{1}{m-1}\sum_{i=1}^{m} (x_{ij} - \overline{x_j})^2 \quad j = 1,2,\cdots,n$$

样本方差传统的表示方法是 s^2，此处引入记号 s_{jj} 来表示第 j 个变量的样本方差，目的是通过双下标的形式表明样本的方差位于矩阵的主对角线上，便于矩阵形式的表示。样本的标准差则是样本方差的平方根，表示为 $\sqrt{s_{jj}}$。

对于第一个变量 x_1 和第二个变量 x_2 而言，其观测值的线性结合关系由样本协方差给出，即

$$s_{12} = \frac{1}{m}\sum_{i=1}^{m} (x_{i1} - \overline{x_1})(x_{i2} - \overline{x_2})$$

一般地，对于样本集 $\boldsymbol{X}$ 中任意两个变量 x_a、x_b，其样本协方差可表示为

$$s_{ab} = \frac{1}{m}\sum_{i=1}^{m} (x_{ia} - \overline{x_a})(x_{ib} - \overline{x_b}) \qquad a = 1,2,\cdots,n; b = 1,2,\cdots,n$$

注意到，当 $a = b$ 时，样本协方差就转化为样本方差。此外，对于 x_a、x_b，都有 $s_{ab} = s_{ba}$。

在此，还有一个重要的描述性统计量就是样本相关系数，又称皮尔逊积矩相关系数，它不依赖于观测值的单位，样本集 $\boldsymbol{X}$ 中任意两个变量 x_a、x_b 的样本相关系数定义为

$$r_{ab} = \frac{s_{ab}}{\sqrt{s_{aa}}\ \sqrt{s_{bb}}} = \frac{\sum_{i=1}^{m}(x_{ia} - \overline{x_a})(x_{ib} - \overline{x_b})}{\sqrt{\sum_{i=1}^{m}(x_{ia} - \overline{x_a})^2}\ \sqrt{\sum_{i=1}^{m}(x_{ib} - \overline{x_b})^2}}$$

$$a = 1,2,\cdots,n;\quad b = 1,2,\cdots,n$$

同样，对于 x_a、x_b 都有 $r_{ab} = r_{ba}$。可以看出，样本相关系数是样本协方差的一种标准化形式，其中样本标准差的乘积提供了标准化的方法。

具备了上述几个描述性统计量，对于由 n 个变量的 m 次观测值组成的样本集 $\boldsymbol{X}$，其样本均值表示为

$$\boldsymbol{X} = (\overline{x_1}\quad \overline{x_2}\quad \cdots\quad \overline{x_n})$$

样本方差和协方差表示为

$$\boldsymbol{S}_m = \begin{pmatrix} s_{11} & s_{12} & \cdots & s_{1n} \\ s_{21} & s_{22} & \cdots & s_{2n} \\ \vdots & \vdots & & \vdots \\ s_{n1} & s_{n2} & \cdots & s_{nn} \end{pmatrix}$$

样本相关系数表示为

$$\boldsymbol{R} = \begin{pmatrix} 1 & r_{12} & \cdots & r_{1n} \\ r_{21} & 1 & \cdots & r_{2n} \\ \vdots & \vdots & & \vdots \\ r_{n1} & r_{n2} & \cdots & 1 \end{pmatrix}$$

矩阵 $\boldsymbol{S}_m$ 和矩阵 $\boldsymbol{R}$ 都是 n 维的对称阵，$\boldsymbol{S}_m$ 的下标 m 表示样本集的大小，所有矩阵的大小取决于变量的个数 n。通过基本的图形以及描述性统计量，研究人员可以初步地了解作战行动效果数据的特性，为进一步分析其规律打下良好的基础。

4.3.2　作战行动效果数据的分类方法

作战行动的种类繁多，作战行动效果数据的数量巨大，如果对这些数据不加以区分，盲目的进行统计分析，可以说统计的结果是没有任何意义的。因

此，必须首先对作战行动效果数据进行合理的分类；然后按照不同类别进行数据的统计分析，这样才能准确地反映出作战行动效果数据中隐藏的统计规律。

1. 作战行动效果属性数据分类问题分析

在第 4.1.1 节作战行动效果数据的组成中提到作战行动是在一定的战场环境下进行的，受到天气、道路等自然或者人为因素的影响，这些影响因素同时也是效果数据的一部分。因此，可以按照影响因素对其进行划分，那么作战行动效果数据就表示为某一项作战行动在特定影响因素条件下的一组数据集合。

作战行动效果数据是在多种影响因素共同作用下产生的，这些影响因素表现为一种多维数据。如果按照其中某一个影响因素划分，则需要其他因素保持不变，数据统计的结果才能反映该影响因素对作战行动效果所起的作用。这种方法在武器装备的实验中比较常见，对于部队实际训练来说，由于耗费的人力物力较大，很难保证获得如此全面的数据。因此，可以换一个角度，不是逐个分析每一个影响因素而是综合考虑所有因素，将其整体按照是否有利于作战行动的开展划分成十分有利、较有利、有利、较不利、十分不利等多个不同的等级。按照影响因素的等级将其划分到不同分组中，本质上是一种分类问题，即通过研究影响因素变量与其类型变量之间的关系，确定未知类型的取值。然而，影响因素等级通常由专家打分得到，不同的专家可能给出不同的结果，那么影响因素变量与类型变量间的关系就表现出一定的随机性。此外，在研究作战行动的影响因素时，通常认为它们是条件独立的，即影响因素间相互没有依赖关系。同时，由于影响因素中既有定性数据又有定量数据，而许多分类算法要求输入均为定量数据，对于定性数据采用赋值的方法，但是这样会引入原始数据中不存在的一种伪排序，误导学习算法，这些都是作战行动效果数据分类中需要解决的问题。

贝叶斯网络也称置信网络，是 Pearl 于 1986 年提出的一种综合概率论和图论进行不确定知识表达和推理的方法。朴素贝叶斯分类器（Naive Bayes Classifier，NBC）是贝叶斯网络的一种，它是目前公认的一种简单有效的概率分类方法，能够表达类变量与属性变量之间的不确定关系。该方法应用的前提是已知类条件下各属性变量相互独立，并且针对定性数据采用多项式分布处理，对数据本身不进行运算，能够保证数据的原始性；针对定量数据可根据需要采用假设正态分布、核密度估计和预离散化 3 种不同的方法处理。由于朴素贝叶斯分类器在处理分类问题上具备这些特点，十分适合作战行动效果数据的分类问题，所以采用朴素贝叶斯分类器将作战行动效果数据按照其影响因素的等级进行分类。

2. 作战行动效果数据分类模型描述

对于影响因素分类问题，可以将影响因素等级看作类节点，影响因素看作属性节点，在通过一定样本训练得到朴素贝叶斯分类器参数的基础上，根据已知属性节点推算出类节点发生的概率，从统计学习的角度描述影响因素及其等级的内在相依性，由影响因素变量推理得到其属于不同等级的概率，从而达到对影响因素分类的目的。

朴素贝叶斯分类器的结构十分简单，将类节点作为其他属性的父节点，假设各属性节点在已知类的条件下互相独立，其网络结构如图4-11所示。

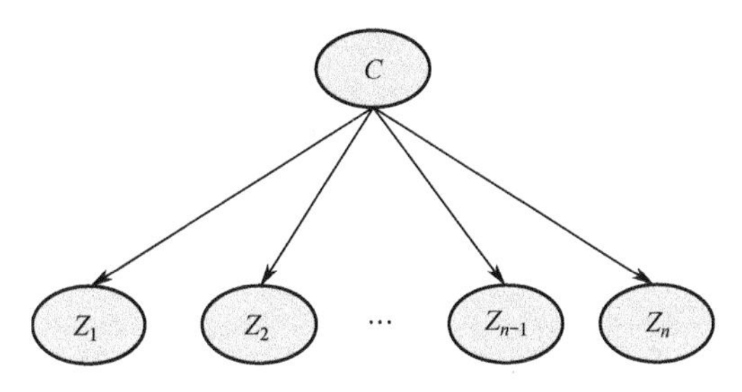

图4-11　朴素贝叶斯网络结构图

设 $U = \{Z,C\}$ 是随机变量有限集，其中 C 是类变量，即影响因素等级变量，取值范围 $\{c_1,c_2,\cdots,c_j\}$ ，$Z = \{Z_1,Z_2,\cdots,Z_n\}$ 是属性变量集，即影响因素指标集，η_i 是属性 Z_i 的取值，根据贝叶斯定理，给定某一未知类别的影响因素样本 $\varphi = \{\eta_1,\eta_2,\cdots,\eta_n\}$ 属于等级 c_k 的概率可表示为

$$P(C = c_k \mid \varphi) = \frac{P(c_k) \cdot P(\eta_1,\eta_2,\cdots,\eta_n \mid c_k)}{P\{\eta_1,\eta_2,\cdots,\eta_n\}} \tag{4-1}$$

朴素贝叶斯分类器假设所有属性变量 Z 是类条件下相互独立的，即每个 Z_i 只与类变量 C 相关，根据概率论中的链式法则，式（4-1）可表示为

$$P(C = c_k \mid \varphi) = \alpha \cdot P(c_k) \cdot \prod_{i=1}^{n} P(\eta_i \mid c_k) \tag{4-2}$$

式中：α 是正则化因子；$P(c_k)$ 是类变量 c_k 的先验概率，按照 $P(c_k) = \dfrac{N_k}{N}$ 进行估算，N_k 是 $C = c_k$ 的样本数，N 是训练样本总数；$\prod_{i=1}^{n} P(\eta_i \mid c_k)$ 是类 c_k 关于样本 φ 的似然。

对影响因素分类的目的就是通过学习训练样本集 $D = \{u_1,u_2,\cdots,u_n\}$ ，确定一种映射函数，使对于任意未知类别的影响因素样本 $\varphi = \{\eta_1,\eta_2,\cdots,\eta_n\}$ ，按照影响因素类别 C 对其进行分类，分类的原则主要是依据贝叶斯最大后验准则。对于一个未知类别的影响因素样本 φ，需要对每个类别 c_k 计算样本的后验概率 $P(C=c_k\mid\varphi)$，当且仅当 $P(C=c^*\mid\varphi)=\max\limits_{1\leqslant k\leqslant j}\{P(C=c_k\mid\varphi)\}$ 时，判断样本 φ 属于类别 c^*。

3. 作战行动效果数据分类模型参数学习

贝叶斯网络学习包括结构学习和参数学习，但由于采用朴素贝叶斯分类模型，前提假设是已知类条件下各影响因素变量相互独立。所以，不用进行网络结构的学习，只需要对影响因素变量的类条件概率进行估计即参数学习。

参数学习就是根据训练样本数据，学习网络中各节点的联合概率分布，对于朴素贝叶斯分类器而言就是计算所有影响因素节点及其类节点的先验概率，类节点先验概率的计算方法在之前的内容中已有介绍，下面主要讨论影响因素节点先验概率的计算方法。

由于影响因素指标集 $Z=\{Z_1,Z_2,\cdots,Z_n\}$ 既有定性指标又有定量指标，为了不失一般性，设前 k 个指标为定性指标其余为定量指标，即 $Z_a=\{Z_1,Z_2,\cdots,Z_h\}$ 为定性影响因素指标集，$Z_b=\{Z_{h+1},Z_{h+2},\cdots,Z_n\}$ 为定量影响因素指标集，那么式（4-2）可以表示为

$$P(c_k\mid\eta_1,\eta_2,\cdots,\eta_n)=\beta\cdot P(c_k)\cdot\prod_{i=1}^{h}P(\eta_i\mid c_k)\cdot\prod_{j=h+1}^{n}f(\eta_j\mid c_k)\tag{4-3}$$

式中：$\beta=\dfrac{1}{P(\eta_1,\eta_2,\cdots,\eta_h)\cdot f(\eta_{h+1},\eta_{h+2},\cdots,\eta_n\mid\eta_1,\eta_2,\cdots,\eta_h)}$。

对于定性影响因素指标集 X_a，根据最大似然准则取 $P(\eta_{ij}\mid C=c_k)=\dfrac{N_{ij}^{(c_k)}}{N_k}$，$N_{ij}^{(c_k)}$ 是在子数据集 $C=c_k$ 上指标 η_i 取第 j 种值的次数，N_k 是子数据集 $C=c_k$ 的样本总数。对于定量影响因素指标集 X_b，采用核密度估计法直接从训练样本中估计概率密度函数，假设定量影响因素指标 η_j 的一组观测值为 $\{\eta_1^{(j)},\eta_2^{(j)},\cdots,\eta_n^{(j)}\}$，其一维核密度估计为

$$\hat{P}(\eta_j)=\frac{1}{nh}\sum_{i=1}^{n}K\left(\frac{\eta_j-\eta_i^{(j)}}{h}\right)\tag{4-4}$$

式中：$K(x)$ 为核函数；h 为平滑参数。

对于核函数这里选择常用的高斯核函数，有

$$K\left(\frac{\eta_j-\eta_i^{(j)}}{h}\right)=\frac{1}{h\sqrt{2\pi}}\exp\left[-\frac{(\eta_j-\eta_i^{(j)})^2}{2h^2}\right]\tag{4-5}$$

对于平滑参数，有

$$h=\frac{1}{\sqrt{n_{c_k}}}\tag{4-6}$$

式中：n_{c_k} 为训练样本中类别变量即影响因素等级为 c_k 的样本数。那么，式 (4-3) 中定量影响因素指标的概率密度函数可以表示为

$$f(\eta_j \mid c_k) = \hat{P}(\eta_j \mid c_k) = \frac{1}{n_k h}\sum_{i=1}^{n_k} K\left(\frac{\eta_j - \eta_i^{(j)}}{h}\right) \tag{4-7}$$

通过对定性、定量影响因素指标节点先验概率的讨论，可以看到朴素贝叶斯分类器将这两类指标变量统一在类条件概率分布中，实现了对影响因素指标的编码，保证了数据的原始性。由于各节点的先验概率就是影响因素及其等级类型间的定量关系，分类器可根据已知影响因素的值，经贝叶斯推理得到其属于不同等级的概率，从而将作战行动效果数据按照其影响因素的等级进行分类。

4. 作战行动效果数据分类算法流程

朴素贝叶斯分类器分类的依据就是取后验概率 $P(C = c_k \mid \eta_i)$ 最大的类别，由此得到基于朴素贝叶斯分类器的作战行动效果数据分类算法。

(1) 确定作战行动效果数据中的影响因素数据 $Z = \{Z_1, Z_2, \cdots, Z_n\}$ 。

(2) 判断如果是分类任务转 (5)，如果是训练任务转 (3)。

(3) 参数学习，根据已知影响因素样本计算其等级类别的先验概率 $P(c_k)$ 、定性影响因素指标的先验概率 $P(\eta_i \mid c_k)$ 和定量影响因素指标的概率密度函数 $f(\eta_j \mid c_k)$ ($k = 1,2,\cdots,q$, $i = 1,2,\cdots,m$, $j = 1,2,\cdots,n$)，其中 q 为影响因素等级变量的取值种类，m 为定性指标个数，n 为定量指标个数。

(4) 生成贝叶斯条件概率表，得到朴素贝叶斯分类器 $P(C = c_k \mid \varphi)$ ，即可计算样本 φ 属于影响因素等级 c_k 的概率。

(5) 运用最大后验准则对贝叶斯推理的结果进行判断，从而得到按照影响因素等级分类的作战行动效果数据。

4.3.3　作战行动效果数据分布函数的确定

利用朴素贝叶斯分类器将作战行动效果数据按照其影响因素的等级划分成不同的分组，那么对每一组的行动效果数据集进行统计分析，可以得到在一定影响因素等级下的作战行动统计规律。

从理论上讲，概率分布函数能够全面描述某一变量的分布规律。作战行动效果数据的分布函数主要是指作战行动效果属性数据的概率分布，即某一特定作战行动的效果属性数据 $x = \{x_1, x_2, \cdots, x_n\}$ ，对于任意一个属性变量 $x_i(i = 1,2,\cdots,n)$ ，其分布函数都可以表示为 $F(z)$ ，z 为任意实数。$F(z)$ 表示属性变量 x_i 小于或等于 z 的概率，即

$$F(z) = P\{x_i \leqslant z\} \tag{4-8}$$

对于任意实数 $z_1, z_2 (z_1 < z_2)$，有

$$P\{z_1 < x_i \leqslant z_2\} = P\{x_i \leqslant z_2\} - P\{x_i \leqslant z_1\} = F(z_2) - F(z_1) \tag{4-9}$$

因此，已知作战行动效果属性的分布函数，就可以计算 x_i 落在任一区间 $(x_1, x_2]$ 上的概率，从这个意义上说，分布函数完整地描述了作战行动各属性变量的统计规律性。

1. 分布函数的探索性分析

分布函数是对作战行动效果属性数据定量分析的基础，对于不同的属性变量 x_i，其分布函数不尽相同。根据研究人员对行动效果属性数据的了解程度，部分属性变量的分布函数是已知的，可根据经验事先确定；部分属性变量的分布是未知的，需要根据实际数据画出其直方图，以粗略了解数据的分布情况。

假设作战行动的一个属性变量为 x_i，其 n 个观测值记为 $x_{1,i}, x_{2,i}, \cdots, x_{n,i}$。首先找出数据中的最大值 $Z_{\max} = \max\limits_{1<j<n} x_{ji}$，最小值 $Z_{\min} = \min\limits_{1<j<n} x_{ji}$，取 a 略小于 $Z_{\max}$，b 略大于 $Z_{\min}$；然后将 $[a,b]$ 分为 h 个小区间 $(h < n)$。分组数 h 取决于数据量和极差的大小，并且需要考虑数据配置的一般情况，得到经验公式：

$$h = 1.52\ (n-1)^{0.4} \text{ 或 } h = 1 + 3.32\text{In}(n)$$

式中：h 为分组数；n 为样本数。

根据经验公式可以确定分组数，注意在划分小区间时要避免观测值落在分点上。

对于区间 $[a,b)$，取组距 $\Delta = \dfrac{b-a}{h}$，令 $a_0 = a$，$a_g = a_{g-1} + \Delta\ (g = 1, 2, \cdots, h)$。计算落在每个小区间内的样本值的频数 $f_i\ (i = 1, 2, \cdots, n)$。则相应频率为 $\dfrac{f_i}{n}$。以各组的组界为横轴，以频数或频率为纵轴做出样本数据的直方图。

一般而言，直方图的外廓曲线接近于总体 x_i 的概率密度曲线，能够描述作战行动效果属性数据的概率分布情况。根据密度曲线的形状，研究人员需要凭借个人经验假设分布函数的类型，常用的分布函数有正态分布、χ^2 分布、t 分布、F 分布等。在假设作战行动效果数据服从某一类型分布的基础上，运用 Q-Q 图、P-P 图等对这一假设进行初步的验证。如果无法通过初步验证，则需要重新给出数据分布函数的假设；如果通过了初步的验证，则需要对分布类型做进一步拟合检验。

2. 分布函数的 χ^2 拟合检验

分布拟合检验是利用数理统计的方法，对数据的总体分布模型进行有效性

检验，常用的方法有皮尔逊χ^2检验、柯尔莫哥洛夫检验、Shapiro-Wilk 检验等。由于皮尔逊χ^2检验无须知道总体的分布类型，是一种较为通用的拟合检验方法，因此本书采用该方法对作战行动效果属性数据的分布函数进行检验。

对于作战行动的一个属性变量x_i，皮尔逊χ^2检验就是在总体x_i分布未知时，根据其观测值$x_{1,i},x_{2,i},\cdots,x_{n,i}$来检验关于总体分布的假设$H_0$表示总体$x_i$的分布为$F(z)$的一种方法。若总体$x_i$是离散型，则$H_0$表示总体$x_i$的分布律$P\{x_i = t_j\} = p_j(j = 1,2,\cdots)$；若总体$x_i$是连续型，则$H_0$表示总体$x_i$的概率密度为$f(z)$。

设H_0中x_i的分布函数$F(z)$不含未知参数。将x_i可能取值的全体Ω分为k个互不相交的子集$A_1,A_2,\cdots,A_k$，$f_j(j = 1,2,\cdots,k)$表示观测值$x_{1,i},x_{2,i},\cdots,x_{n,i}$中落在$A_j$的个数，这表明在对作战行动的$n$次观测中，事件$A_j$发生的频率为$\frac{f_j}{n}$。当$H_0$为真时，根据$H_0$所假设$x_i$的分布函数计算事件$A_j$的概率，得到$p_j = P(A_j)(j = 1,2,\cdots,k)$。频率$\frac{f_j}{n}$与概率$p_j$存在一定的差异，但是如果$H_0$为真，并且观测的次数较多时，这种差异不会太大，即$\left(\frac{f_j}{n} - p_j\right)^2$不应太大。因此可以采用统计量

$$\sum_{j=1}^{k} h_j \left(\frac{f_j}{n} - p_j\right)^2 \tag{4-10}$$

来度量作战行动属性变量x_i与H_0中假设的分布的符合程度，其中h_j为给定的常数。皮尔逊证明，取$h_j = \frac{n}{p_j}(j = 1,2,\cdots,k)$则可采用

$$\chi^2 = \sum_{j=1}^{k} \frac{n}{p_j}\left(\frac{f_j}{n} - p_j\right)^2 = \sum_{j=1}^{k} \frac{f_j^2}{np_j} - n \tag{4-11}$$

作为检验统计量。

当H_0中x_i的分布函数$F(z)$包含未知参数时，需要根据观测值求出未知参数的最大似然估计，将估计值作为参数值，依据H_0中假设的分布函数，求出p_j的估计值$\hat{p}_j = \hat{P}(A_j)$，在式（4-11）中以$\hat{p}_j$取代p_j，则

$$\chi^2 = = \sum_{j=1}^{k} \frac{f_j^2}{n\hat{p}_j} - n \tag{4-12}$$

作为检验统计量。

据此，当H_0为真时，式（4-11）和式（4-12）中的χ^2不应太大，若χ^2过分大则拒绝假设H_0，因此拒绝域的形式为$\chi^2 \geqslant G$，G为正常数。对于给定显

著性水平 α，确定 G 使 $P_{H_0}\{\chi^2 \geqslant G\} = \alpha$。皮尔逊证明 $G = \chi^2_\alpha(k-r-1)$，其中 r 是被估计参数的个数，于是得到拒绝域$\chi^2 \geqslant \chi^2_\alpha(k-r-1)$，即当作战行动属性变量的观测值使式（4-11）和式（4-12）中的χ^2存在$\chi^2 \geqslant \chi^2_\alpha(k-r-1)$，则在显著性水平 α 下拒绝 H_0，否则就接受 H_0。这就是作战行动效果属性数据的χ^2拟合检验法。

注意，在使用该方法时 n 要足够大，np_j 或 $n\hat{p}_j$ 也不能太小。一般而言，要求作战行动效果属性数据的样本容量 n 大于 50，并且每个 np_j 或 $n\hat{p}_j$ 都不小于 5，否则应适当合并 A_j 以满足此要求。

3. 分布函数拟合实例分析

前面介绍了确定作战行动效果数据分布函数的方法，下面结合一具体实例进行分析。以红方对蓝方的进攻作战为例，通过军事演习、作战训练获取了一组与进攻这一作战行动相关的效果属性数据。首先根据这些样本数据画出其直方图，根据直方图的外廓曲线对效果属性数据的分布函数做出假设；然后利用 Q-Q 图、P-P 图等图形方法进行初步的假设检验，如果未通过检验则需要对数据的分布函数重新做出假设；如果通过检验则对数据的分布假设进行进一步的皮尔逊χ^2检验；最后根据皮尔逊χ^2检验的结果确定作战行动效果属性数据的分布函数，具体流程如图 4-12 所示。

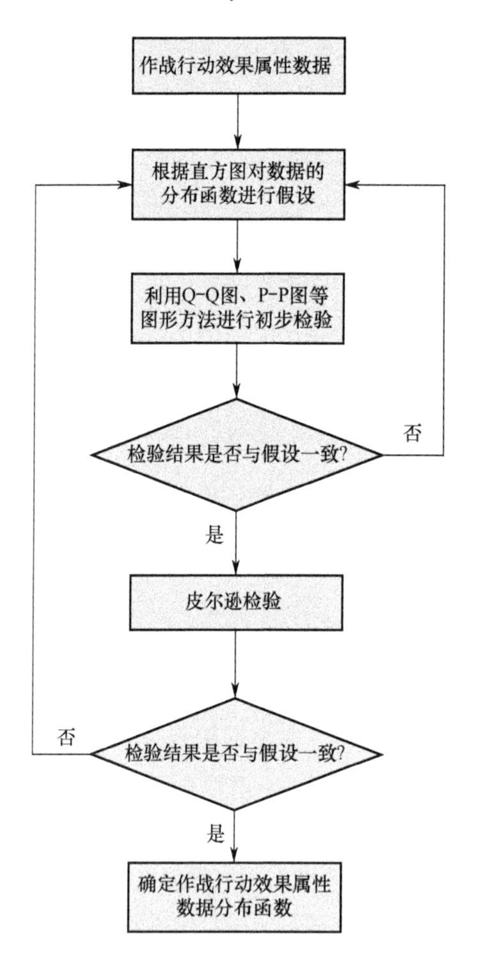

图 4-12　作战行动效果属性数据分布函数确定流程图

红方以 100 人兵力进攻，蓝方 50 人防御，在一定等级影响因素条件下，得到 100 组样本数据，部分数据见表 4-2。

表 4-2　进攻效果属性样本数据　　　　单位：人

序号	红方健康人数	红方受伤人数	蓝方健康人数	蓝方受伤人数
1	81	16	1	6
2	76	20	6	6
3	80	18	3	1
4	92	8	1	6
5	84	16	5	2
6	77	21	8	7
7	80	18	1	3
8	83	13	1	1
9	81	18	5	7
10	81	18	1	4
11	88	10	0	2
12	78	21	3	6
13	79	21	4	7
14	79	18	1	7
15	79	19	5	2
⋮	⋮	⋮	⋮	⋮

从表 4-2 中看出，红方进攻这一作战行动的效果可以用红方健康、受伤人数，蓝方健康、受伤人数这 4 种属性数据衡量，其中以红方受伤人数这一效果属性为例，研究其数据的统计规律，根据样本数据画出红方受伤人数的直方图如图 4-13 所示。

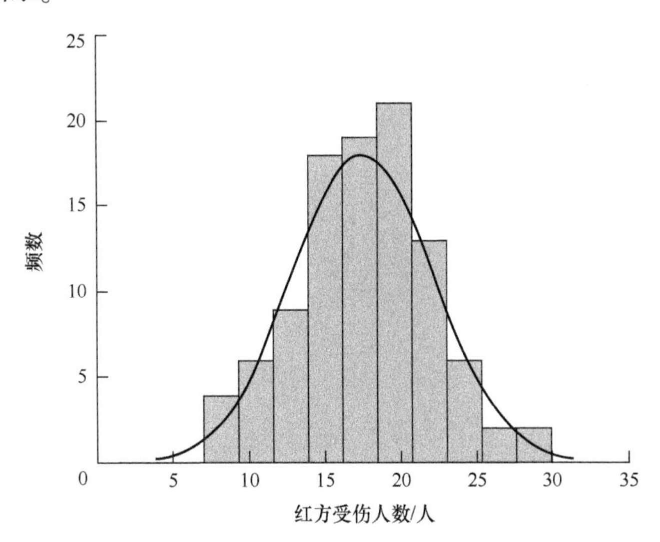

图 4-13　红方受伤人数直方图

根据图 4-13 中的外廓曲线形状，假设进攻的效果属性数据——红方受伤人数服从正态分布，利用 Q-Q 图对其进行初步验证。

Q-Q 图是一种评估正态性假定的直观方法，它展示的是样本分位数与观测值之间的关系，当各点离一条直线很近时，正态性假设是保持的；否则，正态性就较可疑。红方受伤人数的 Q-Q 图检验如图 4-14 所示。

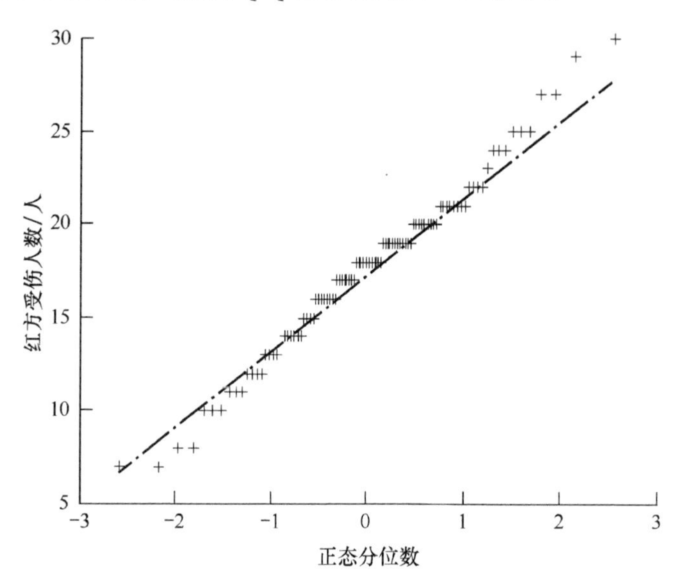

图 4-14　红方受伤人数的 Q-Q 图检验

从图 4-14 中数据的分布情况判断，红方受伤人数总体服从正态分布的假设比较理想，需要进一步对其进行皮尔逊χ^2 检验。

对红方受伤人数进行皮尔逊χ^2 检验就是检验假设 H_0 表示红方受伤人数的概率密度为$f(z) = \frac{1}{\sqrt{2\pi}\sigma}e^{-\frac{(z-\mu)^2}{2\sigma^2}}(-\infty < z < \infty)$。因为在 H_0 中有未知参数μ,σ^2，所以需要先估计μ,σ^2。由最大似然估计法可得μ,σ^2 的估计值分别为$\mu = 17.59$，$\sigma^2 = 4.6015^2$。在假设 H_0 下，将红方受伤人数可能的取值区间$(-\infty,\infty)$分成 10 个区间，记为事件 A_j，见表 4-3 第一列。如果假设 H_0 为真，则红方受伤人数的概率密度估计为

$$f(z) = \frac{1}{\sqrt{2\pi}\times 4.6015}e^{-\frac{(z-17.59)^2}{2\times 4.6015^2}} \quad -\infty < z < \infty \tag{4-13}$$

按照式（4-13）查询标准正态分布函数表即可得概率 $P(A_j)$ 的估计 $\hat{p}_j$，计算结果见表 4-3。

表4-3　红方受伤人数的皮尔逊χ^2检验计算表

A_j	f_j	$\hat{p}_j$	$n\hat{p}_j$	$\frac{f_j^2}{n\hat{p}_j}$
$A_1: z \leqslant 10$ $A_2: 10 < z \leqslant 12.6$	4 6 }10	0.0495 0.0906 }0.1401	4.95 9.06 }14.01	7.14
$A_3: 12.6 < z \leqslant 14.6$	9	0.1177	11.77	6.88
$A_4: 14.6 < z \leqslant 16.6$	18	0.1549	15.49	20.92
$A_5: 16.6 < z \leqslant 18.6$	19	0.1553	15.53	23.25
$A_6: 18.6 < z \leqslant 20.6$	21	0.1742	17.42	25.32
$A_7: 20.6 < z \leqslant 22.6$	13	0.1199	11.99	14.10
$A_8: 22.6 < z \leqslant 24.6$	6	0.0736	7.36	7.25
$A_9: 24.6 < z \leqslant 26.6$ $A_{10}: 26.6 < z \leqslant \infty$	2 2 }10	0.0393 0.025 }0.1379	3.93 2.5 }13.79	$\sum = 104.86$

表4-3中由于事件A_1、A_9、A_{10}的频数f_j均没有超过5，因此对其适当合并以满足要求。由表4-3中数据可知$\chi^2 = \sum - n = 104.86 - 100 = 4.86$，$\chi^2_{0.05}(k - r - 1) = \chi^2_{0.05}(7 - 2 - 1) = \chi^2_{0.05}(4) = 9.488$，因为$\chi^2_{0.05}(4) > \chi^2$，所以在显著性水平$\alpha = 0.05$下接受假设$H_0$，即认为红方受伤人数来自正态分布总体，至此确定了红方受伤人数的分布函数为

$$F(z) = \int_{-\infty}^{z} f(t)\,\mathrm{d}t = \frac{1}{\sqrt{2\pi} \times 4.6015}\int_{-\infty}^{z} \mathrm{e}^{-\frac{(t-17.59)^2}{2\times 4.6015^2}}\,\mathrm{d}t \quad -\infty < z < \infty$$

通过红方受伤人数的分布函数，可以计算其落在任何区间上的概率，即能够依据进攻作战的效果属性数据分析完成该行动的有效程度，从而为下一步作战行动的效能评估打下基础。

4.4　作战行动效能评估

作战行动效能是指在一定环境条件下由人员和武器装备组成的军事力量执行规定行动所能达到预期目标的程度。作战行动效能评估就是依据各种影响因素下的效果属性值，求解部队完成一项作战行动可能性的方法。

一项作战行动往往具有一系列表征执行结果好坏的行动效果属性，这些属性数据涉及了行动效果的各个方面。显然，不能以个别属性来评估作战行动效能的高低，而应根据具体作战行动的目的选择合适的效果属性。这就需要将多

种反映作战行动效果的属性进行综合，形成一个总体反映军事力量完成作战行动程度的数值。这个数值就是效能值，它不仅与作战行动自身的效果相关，而且还与预期的目标需求有关，是二者的重合程度。重合程度越高，作战行动的效能也就越高，反之亦然。

一方面，由于作战行动各个效果属性的量纲一般并不相同，需要将不同量纲进行统一后才能综合；另一方面，由于各种效果属性对作战行动的影响程度不同，因此在聚合这些效果属性之前还要确定它们的重要性，即权重。对作战行动效果属性数据的处理、比较、综合等步骤，构成了作战行动效能评估的过程，如图 4-15 所示。

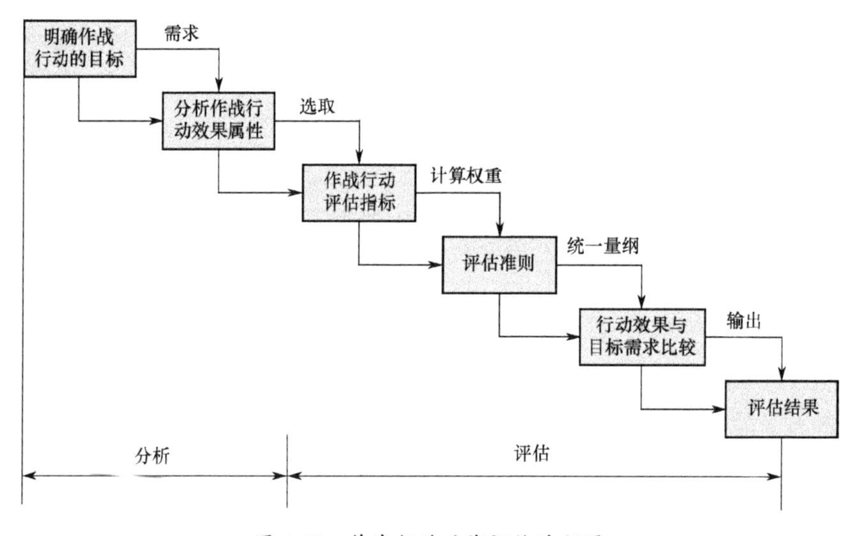

图 4-15　作战行动效能评估过程图

基于统计分析的作战行动效能评估由于指标源于实际训练，是一定统计意义下的结果，其评估过程除了具有一般评估的特点，自身还具有一定的特殊性。

4.4.1　作战行动效能评估指标的选取

作战过程中充满了不确定性，行动执行的好坏是通过效果属性数据表现出来的，需要根据某种定量尺度进行描述，这些定量尺度称为效能评估指标，可见选择合理的评估指标对作战行动的效能评估具有十分重要的意义。

作战行动的效能通常与具体的作战任务要求密切相关，部队作战具有行动多样性、过程复杂性、作战结果随机性的特点，因此在进行评估指标的选取时要遵循以下基本原则。

（1）目标性原则：评估指标要与作战单元所执行的作战行动相一致，即评估指标不是固定不变的，而是要根据不同任务需要达到的作战效果，建立相应的评估指标。

(2) 客观性原则：评估指标的含义要明确，选取时要避免个人的主观意愿，必要时可广泛征集多位专家的意见，保证指标能够较为客观的反映评估对象。

(3) 简洁性原则：作战行动作为一种没有必要再分的基本战斗行为，是作战过程中抽象出来的最底层要素，因而无须像评估大型武器装备时建立复杂的评估指标体系，而应简明扼要，选取几个具有代表性重要指标即可。

(4) 可测性原则：选择的评估指标要方便训练数据的采集，具备现实的数据收集渠道，无论通过人工采集还是系统的自动化采集，要尽量使用定量数据，便于事后的定量分析。

(5) 独立性原则：作战行动效果数据的统计是建立在各个属性数据相对独立的基础上，如果指标间具有较高的相关性，那么它们之间就存在着潜在的交互作用，指标的分布函数不能准确反映实际情况，评估的结果也就不可靠，所以要防止指标间相互包含，保持一定的独立性。

由上述评估指标的选取原则可以看出，对于基于统计分析的作战行动效能评估而言，指标间的独立性显得尤为重要。因此，根据作战行动效果属性数据的采集情况，从统计分析的角度，采用极大不相关法选取评估指标，保证其独立性的要求。

从第 4.3 节作战行动效果数据统计分析中，我们知道作战行动效果属性数据是一个多维向量，表示为 $\boldsymbol{x} = \{x_1, x_2, \cdots, x_n\}$ ，向量的每个分量 x_i 对应着一个评估指标。如果指标 x_1 与其他指标 $x_2, \cdots, x_n$ 是独立的，表明 x_1 无法由其他指标来表示。因此，保留的指标应是相关性越小越好，在这一思想的指导下，可以导出极大不相关方法。首先求出样本的相关阵 $\boldsymbol{R}$ ，即

$$\boldsymbol{R} = (r_{ij}) = \begin{bmatrix} 1 & r_{12} & \cdots & r_{1n} \\ r_{21} & 1 & \cdots & r_{2n} \\ \vdots & \vdots & & \vdots \\ r_{n1} & r_{n2} & \cdots & 1 \end{bmatrix} \quad i,j = 1,2,\cdots,n$$

式中：r_{ij} 为指标 x_i 与 x_j 的相关系数，指标 x_i 与余下的 $n-1$ 个指标的线性相关程度称为复相关系数，记为 ρ_i 。

例如，要计算 ρ_n ，先将相关阵 $\boldsymbol{R}$ 分块，表示为

$$\boldsymbol{R} = \begin{bmatrix} \boldsymbol{R}_{-n} & \boldsymbol{r}_n \\ \boldsymbol{r}_n^{\mathrm{T}} & 1 \end{bmatrix}$$

式中：$\boldsymbol{R}_{-n}$ 表示除去指标 x_n 的相关阵，于是 $\rho_n^2 = \boldsymbol{r}_n^{\mathrm{T}} \boldsymbol{R}_{-n}^{-1} \boldsymbol{r}_n$ 。

同样地，计算 ρ_i^2 时，将相关阵 $\boldsymbol{R}$ 中的第 i 行 j 列置换，放在矩阵的最后一行一列，那么 $\boldsymbol{R}$ 就变为

$$\boldsymbol{R} \to \begin{bmatrix} \boldsymbol{R}_{-i} & \boldsymbol{r}_i \\ \boldsymbol{r}_i^{\mathrm{T}} & 1 \end{bmatrix}$$

于是得到 ρ_i^2 的计算公式为 $\rho_i^2 = \boldsymbol{r}_i^{\mathrm{T}} \boldsymbol{R}_{-i}^{-1} \boldsymbol{r}_i (i = 1,2,\cdots,n)$，分别计算 $\rho_1^2,\cdots,\rho_n^2$，其中最大值 $\rho_*^2 = \max\limits_{1 \leqslant i \leqslant n} \rho_i^2$ 表示该指标与其余指标的相关性最大，可以考虑优先删除。指定临界值 T，针对每个指标 x_i 检查 $\rho_i^2 > T$ 是否成立，若成立则删除相应指标 x_i，否则应保留。对于留下的指标都是满足一定独立性要求的，至此即从作战行动效果属性数据中选定了效能评估指标集。

4.4.2 作战行动效能值的计算

作战行动效能的评估指标是从不同侧面衡量作战行动执行的效果，这些指标的取值种类多样，既有连续型变量，如长度、高度、面积等，又有离散型变量，如射击命中的次数、人员伤亡数量等。效能评估就是要综合考虑多个评估指标，形成一个总体反映行动执行效果的数值，但是不同性质、不同量纲的评估指标之间是无法进行计算的，因此需要解决指标量纲一致性的问题。

为了便于评估指标的聚合计算，军事专家们试图通过引入隶属度、战斗力指数、灰数、效用值等概念统一各种评估指标的量纲。这些方法对作战效能的评估都起到了积极的作用，但是可以看到在统一指标量纲的过程中，均不同程度地引入了人为因素，评估的客观性受到一定的影响。然而，如果从统计分析的角度处理评估指标，指标值不是通过一次或几次的作战获得；而是在多次大量统计基础上得到指标概率意义上的分布函数，使效能研究从标准到单位值无须转化，将各种评估指标的量纲自然地统一到概率值这个概念上来；而且在数据统计的过程中避免了人为因素的影响，保证了底层评估指标数据源的客观性。

由于战争充满了不确定因素，战争的结果不能预先确定，相应的作战行动指标的取值具有一定的概率特性，因此可以将其看作随机变量。对作战行动的任意评估指标 x_i，其分布函数 $F(z) = P\{x_i \leqslant z\}(-\infty < z < \infty)$ 能够描述 x_i 落在任意区间上的概率，从而能够描述随机变量 x_i 统计规律性。

如果指标 x_i 为离散型变量，则需要掌握 x_i 可能取哪些值，并且 x_i 以什么样的概率取这些值，这就是离散型随机变量 x_i 取值的统计性规律。因此对于 x_i 可以用分布律 $P\{X_i = x_i^{(k)}\} = p_k(k = 1,2,\cdots)$，其中 $\sum\limits_{k=1}^{\infty} p_k = 1$，或者用概率分布表 4-4 来描述其取值的统计规律性。

表 4-4　概率分布表

X_i	$x_i^{(1)}$	$x_i^{(2)}$	…	$x_i^{(k)}$	…
p_k	p_1	p_2	…	p_k	…

那么 x_i 的分布函数可以表示为

$$F(z) = P\{X_i \leqslant z\} = \sum_{x_i^{(k)} \leqslant z} P\{X_i \leqslant x_i^{(k)}\} \tag{4-14}$$

如果指标 x_i 为连续型变量，则可以通过概率密度函数 $f(z)$ 描述其统计性规律，那么 x_i 的分布函数可以表示为

$$F(z) = \int_{-\infty}^{z} f(t)\,\mathrm{d}t \tag{4-15}$$

作战行动的效能实质是衡量行动效果与任务需求的重合度，而行动的效果体现在评估指标上，那么可以分别比较每个评估指标与目标需求的重合度，即计算指标值满足要求的概率，最后将所有指标的满足概率值按照一定的权重进行聚合，得到作战行动的效能值，即完成作战行动的概率值，其计算过程如图 4-16 所示。

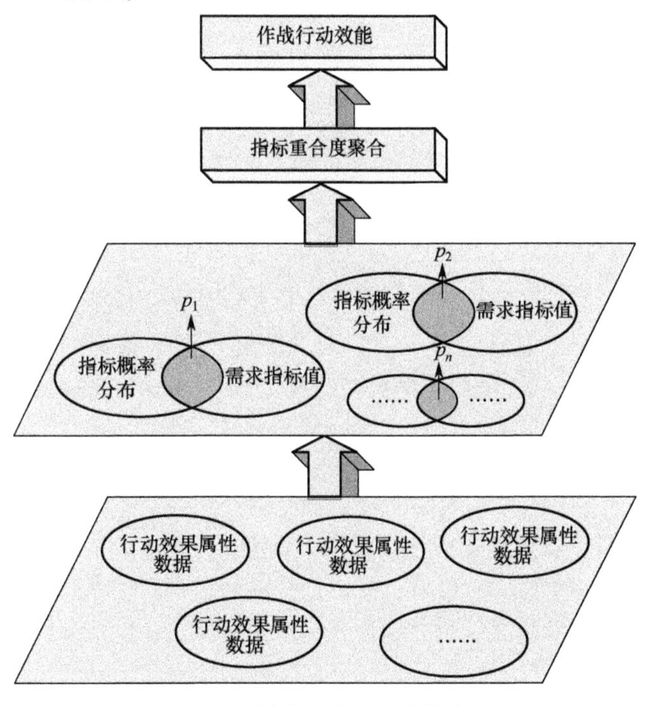

图 4-16　作战行动效能计算过程

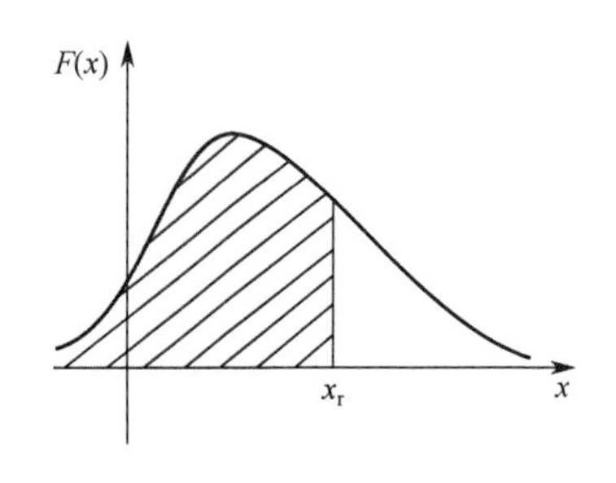

图 4-17　至多型

由图 4-16 可见，作战行动的效能最终依赖于评估指标概率分布、表达需求的参数，以及这二者进行比较的方法。根据作战效果属性数据统计分析的结果，能够得到评估指标的分布函数 $F(x)$ ，由于行动效果与任务需求间不同的比较方式，故按照至多型、至少型、区间型 3 种情况计算评估指标满足要求的概率，如图 4-17 ~ 图 4-19 所示。

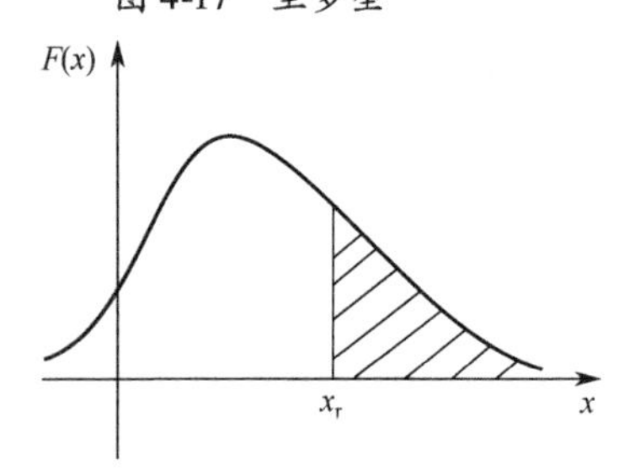

图 4-18　至少型

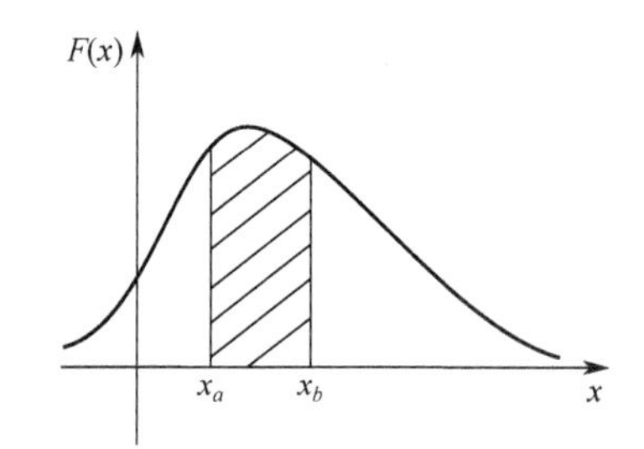

图 4-19　区间型

（1）至多型，就是给定一个指标需求值 x_r ，要求指标的实际值不能超过需求值 x_r ，为了便于说明，以连续型指标为例，离散型指标同理，区别仅在于连续型用概率密度函数表达统计规律，离散型用分布律表达统计规律。已知评估指标的概率密度函数 $f(x)$ ，如图 4-17 所示，阴影部分的面积即是评估指标满足要求的概率值 p ，可按下式计算：

$$p = F(x_r) = \int_{-\infty}^{x_r} f(t)\,dt \tag{4-16}$$

（2）至少型，就是给定一个指标需求值 x_r ，要求指标的实际值至少要大于需求值 x_r ，如图 4-18 所示，阴影部分的面积即是评估指标满足要求的概率值 p ，按下式计算：

$$p = 1 - F(x_r) = 1 - \int_{-\infty}^{x_r} f(t)\,dt \tag{4-17}$$

（3）区间型，就是给定一个指标需求区间 $[x_a, x_b]$ ，要求指标的实际值在区间 $[x_a, x_b]$ 上，如图 4-19 所示，阴影部分的面积即是评估指标满足要求的概率值 p ，按下式计算：

$$p = F(x_b) - F(x_a) = \int_{x_a}^{x_b} f(t)\,dt \tag{4-18}$$

通过概率这一形式，既度量了行动效果与目标需求的重合度，又将不同量纲的指标进行合理的统一。在得到评估指标满足需求的概率 p 之后，根据各个指标对总体作战行动效能的权重，聚合各指标的概率值可得到作战行动效能值 P 。

假设某项作战行动有 m 个评估指标 $x_1, x_2, \cdots, x_m$ ，利用式（4-16）～式（4-18）计算每个指标满足需求的概率值 $p_1, p_2, \cdots, p_m$ ，那么就需要确定各个指标的权重，以聚合得到作战行动的效能值。在此采用主成分分析法，经过矩阵变换、降低维数提取出评估指标信息的主要特征，实现作战行动效能评估指标权重的确定。

主成分分析法确定指标权重的计算步骤。

（1）对原始数据进行标准化处理。为消除变量之间在量纲上的不同，需要将原始行动评估指标数据标准化处理。设 x_{ij} 表示作战行动第 $i(i = 1,2,\cdots,n)$ 个样本数据的第 $j(j = 1,2,\cdots,m)$ 个评估指标的值，则 x_{ij} 的标准化值为：$x_{ij}^* = \dfrac{x_{ij} - \overline{x_j}}{\delta_j}$ ，其中，$\overline{x_j} = \dfrac{1}{n}\sum_{i=1}^{n} x_{ij}, \delta_j = \sqrt{\dfrac{1}{n-1}\sum_{i=1}^{n}(x_{ij} - \overline{x_j})^2}$ 。$\boldsymbol{X}$ 是经过标准化变换后得到的数据矩阵，即 $\boldsymbol{X}^* = (x_{ij}^*)_{n\times m}$ 。

（2）求标准化数据的相关矩阵 $\boldsymbol{R} = (r_{ij})_{m\times m}$，$r_{ij} = \dfrac{1}{n-1}\sum_{k=1}^{n} x_{ki}^* x_{kj}^*$ 。

（3）计算相关矩阵 $\boldsymbol{R} = (r_{ij})_{m\times m}$ 的特征值 $\lambda_1 \geqslant \lambda_2 \geqslant \cdots \geqslant \lambda_m$ 和其对应的特征向量 $\boldsymbol{\mu}_1, \boldsymbol{\mu}_2, \cdots, \boldsymbol{\mu}_m$ 。

（4）确定主成分。计算主成分贡献率 z_i 及累积贡献率 $G_i(i = 1,2,\cdots,m)$ 。按照累积贡献率准则 $G_i \geqslant 85\%$ 提取 ρ 个主成分 $f_i(i = 1,2,\cdots,\rho)$ 。

（5）计算主成分中每个指标所对应的系数。用主成分载荷矩阵中的数据除以主成分相对应的特征值开方得到 ρ 个主成分中每个指标所对应的系数。

（6）计算指标的权重值。用第一主成分 f_1 中每个指标所对应的系数乘上第一主成分 f_1 所对应的贡献率再除以所提取 ρ 个主成分的贡献率之和，然后加上第二主成分 f_2 中每个指标所对应的系数乘上第二主成分 f_2 所对应的贡献率再除以所提取 ρ 个主成分的贡献率之和，一直加到 f_ρ 为止，即得到综合得分模型 $Y = \omega_1 x_1 + \omega_2 x_2 + \cdots + \omega_m x_m$ 。该模型中评估指标 $x_1, x_2, \cdots, x_m$ 所对应的系数 $\omega_1, \omega_2, \cdots, \omega_m$ 就是其权重值。

计算出作战行动效能指标的权重，就可根据下式计算作战行动的效能值。

$$P = \sum_{k=1}^{m} \omega_k \cdot p_k, \quad \omega_1 + \omega_2 + \cdots + \omega_m = 1 \tag{4-19}$$

至此，在对作战行动效果数据进行统计分析的基础上，结合作战行动效果属性数据的分布函数，建立了基于训练效果的作战行动效能评估方法。

4.5 小　结

统计分析是一门研究如何收集、整理、归纳、分析客观现象总体数量特征数据以认识事物的方法论科学。本章从统计分析的角度出发，对作战行动效果数据的统计及其效能评估方法进行了研究，包括以下几个方面的工作。

(1) 分析了作战行动效果数据的组成结构，相应地构建了其概念模型、逻辑模型和物理模型。鉴于作战行动数据采集的复杂性，提出系统自动采集和人工采集作战行动效果数据的实施方法。

(2) 利用图表法和数值法对作战行动效果数据进行定性及定量的描述，是数据进一步统计分析的理论基础。

(3) 研究作战行动效果数据统计分析的方法。利用朴素贝叶斯分类器，按照影响因素等级对作战行动效果属性数据进行分类，使效果数据的统计更有针对性。提出求解作战行动效果属性数据分布函数的方法流程，并结合实例加以验证。

(4) 在对作战行动效果数据统计分析的基础上，通过极大不相关法选取评估指标，保证指标间的独立性。结合效果属性数据的分布函数，提出了作战行动效能评估的理论方法。

作战效能评估方法有简有繁，但有一点很明确，所有方法都需要原始数据。考虑全面的方法需要的数据多，但这些数据不易得到，往往引入大量人为因素，即使方法设计得很完美，得出的结果可信度仍然不高，反不如用数据准确但较粗略的评估方法来的可靠。基于统计分析的作战行动效能评估就是这样的方法，由于指标数据源自实际作战，评估结果能够令人信服。可以看到，该方法计算效能的过程并不复杂，重点在于前期如何描述、采集、分析数据，这些工作完成质量的好坏直接影响最后效能评估的结果。通过本章介绍的方法能够计算出一定作战单元完成某项作战行动的效能值，为下一步作战任务的效能评估打下基础。

第5章　作战任务效能计算方法

部队作战是一个十分复杂的、多准则的决策过程，具有高度的不确定性。针对特定作战任务，指挥决策部门往往需要确定数十项、甚至数百项作战行动。由于各项作战行动之间存在着复杂的因果相关性，如果能够事先分析这些作战行动能否达到预期的效果，预测整体作战任务完成的可能性，指战员就能够据此确定决心，更好地完成作战目标。

影响网作为一种新的不确定性推理方法，能够表示随机变量之间的作用关系，克服传统贝叶斯网在表达不确定知识时存在的不足，减少构建条件概率表所需的数据量，降低推理难度。

因此，本章将作战任务完成可能性的分析归结为一类不确定性推理问题，采用影响网的方法计算作战任务效能。根据第3章作战行动效能评估的结果，将作战行动效能值映射为赋时影响网中节点的先验或基准概率，并从时间约束和逻辑参数确定两个方面对赋时影响网进行了改进，从而构建起基于扩展赋时影响网的作战任务效能评估模型。通过扩展赋时影响网的不确定推理，由多项作战行动的效能值计算出部队完成特定作战任务的效能值。

5.1　作战任务过程描述

《中国人民解放军军语》对作战任务的定义是：武装力量在作战中所要达到的目标及承担的责任，这里目标强调了执行作战任务需要达到的一种最终状态。3.1节对作战任务的组成及关系进行了深入的分析，明确了作战任务是一系列相互关联作战行动的有序集合，而作战行动是不可再分的基本战斗行为。作战行动是作战过程的核心元素，其概念描述如图5-1所示。

就作战行动本身而言，有两个主要的属性——行动时间和成功概率。行动时间包括行动的开始时间、结束时间和持续时间。成功概率是能够达到预期行动目的的可能性。作战行动效能是指在规定的条件下，由作战兵力执行作战行动所能够达到预期目标的有效程度。理论上应该用完成行动的百分比来衡量作战效能，但实际上通常使用完成100%作战行动的概率表示。例如，在防空作战中击毁敌方飞机的概率是80%，则我方高炮部队的作战效能就是80%。由此可见，作战行动效能和行动成功概率在一定程度上来说是一致的，行动的成功概率即可表示其作战效能。

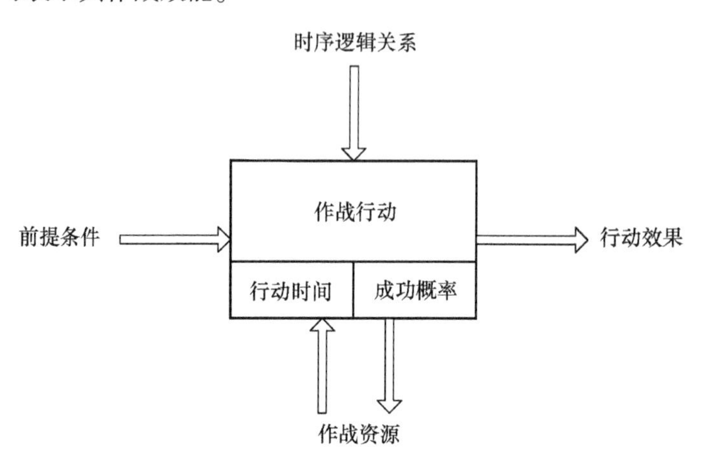

图5-1 作战行动概念描述图

一项作战任务由一组作战行动组成，这些行动之间在执行的先后上表现为时序关系，在对作战任务成败的影响上表现为逻辑关系。通常以编配一定武器装备的可使用兵力完成所分配的作战行动。根据3.3.1节给出作战资源的概念，它包括人员和武器系统，并且具有满足作战行动成功执行的能力。行动开始时占有一定的资源，行动结束时释放相应的资源。前提条件是作战行动能否开始执行的一种约束，可以是一定的战场环境，也可以是特定的战场态势，只有在满足这些条件的前提下，行动才能开始。作战行动的执行，必然产生一定的行动效果，这些效果既是下一步行动的前提，又是促成最终作战任务目标完成的重要组成部分。

其实早在1991—1992年的第一次海湾战争时，由于基于效果的作战（Effect Based Operation，EBO）在战争计划和实施中取得了巨大的成功，便引起了广泛关注。随后，Deptula在其工作报告中对其概念的基本思想进行详细的描述，这一思想对美军的军事变革起到了至关重要的推动作用。近年来的几场高技术局部战争，均体现出这种新的作战思想。

基于效果的作战是指采取一系列恰当的作战行动，使得在一定时间约束条件下，达到期望效果程度的最优。基于效果的作战不是一个系统或框架，它是一种思维方式，不再仅仅关注战争的手段、武器和攻击的目标，而是更加关注执行作战任务所能获得的效果，即形成所期望的战场最终状态。

依据基于效果的作战思想，对作战任务的执行过程而言，在当前状态（初始状态）和最终状态之间存在多个中间状态，组成作战任务的作战行动描述了在何时何地使用何种作战力量对目标采取了何种行动，使目标由一种状态改变为另一种状态，推动着中间状态的变化，最终达到预期的作战目标。由此可见，作战行动是任务初始状态与最终状态之间的桥梁，传递着各类作战效果，如图 5-2 所示。

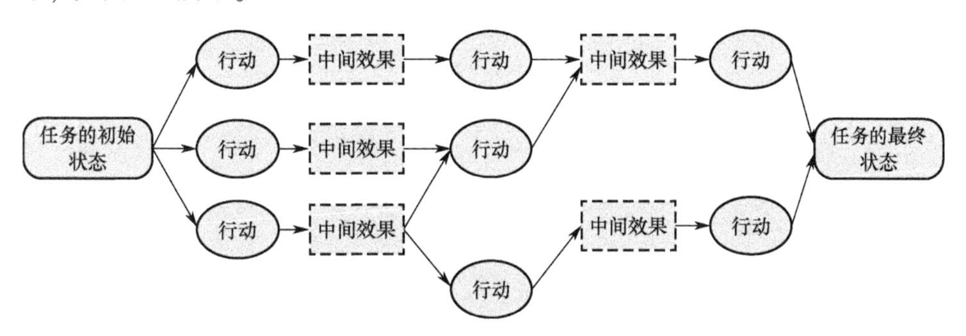

图 5-2　基于效果的作战任务过程描述图

通常一项作战任务会涉及相当多的作战行动和中间效果，时序逻辑在先的行动通过中间效果影响到其后面行动的执行，这些中间效果包括根据第 4 章的作战行动效能评估方法得到的作战行动效能值及行动间的影响关系。作战任务过程描述，强调中间效果对作战行动的影响，其实质就是先序作战行动的完成概率对后序作战行动成功概率的影响，从而最终决定了整体作战任务的效能。由此可见，在已知作战行动效能的基础上，需要进一步建立从作战行动效能到作战任务效能的映射关系，从而计算部队完成特定作战任务成功的概率。

5.2　支持不确定推理的扩展赋时影响网

在无法获知全部信息的条件下，针对动态的、不断变化的战场情况，评估特定作战任务的效能，预测部队完成作战任务的可能性，本质上是一类不确定性推理问题。本节在介绍影响网理论的基础上，结合作战任务效能评估的特点，对传统赋时影响网进行了改进，提出了一种扩展赋时影响网模型。

5.2.1　影响网的提出

贝叶斯网络（Bayesian Networks，BN）作为一种不确定知识的表示模型，以坚实的理论基础、图形化的表达方式、强大的推理能力和决策机制，在医学诊断、专家系统、数据挖掘等领域均取得了巨大的成功。尽管 BN 是一种解决不确定性问题推理的有效工具，但是就其本身而言主要存在两点不足：一是需要大量数据确定各节点的条件概率表（Conditional Probability Table，CPT），而节点的条件概率随着其父节点的个数呈指数级增长，这对于规模较大的网络而言，构建各个节点的条件概率表是一件十分困难的事情；二是对于一般的 BN，网络推理是 NP-困难问题，无法在可接受时间范围内计算特定节点的发生概率。

为了克服 BN 建模中存在的问题，通过引入噪声或关系（Noisy-Or）与因果影响（Causal Strength，CAST）逻辑，降低构建完整 BN 所需的数据量，利用精确推理算法和近似推理算法解决棘手的网络推理问题。近年来，研究人员不断对 BN 进行改进，出现了各种 BN 的变体。影响网（Influence Nets，IN）就是由美国乔治梅森大学的 Chang 等于 1994 年推广 Noisy-Or BN 的基础上提出的。作为一种新的不确定性推理方法，已在多个领域得到成功应用，并且迅速受到广泛关注。

1. 影响网模型

影响网是一种有向无环图，图中节点表示随机变量，节点间的弧代表变量间的因果关系，通过 CAST 逻辑参数而不是概率值来定义这种关系。推理所需的概率分布是通常由专家或建模人员给出的 CAST 逻辑参数产生，影响网的特点如下。

（1）随机变量集组成影响网的网络节点，所有变量都是二值的；

（2）有向弧集连接网络的两个节点；

（3）每个弧上有一对 CAST 逻辑参数 (h,g) 表示节点间的影响关系，其中 h 表示父节点为真时对子节点为真的影响，g 表示父节点为假时对子节点为真的影响；

（4）每个非根节点有一个基准概率，每个根节点有一个先验概率。

因此，影响网可形式化定义为一个四元组结构：

$$\mathrm{IN} = < V,E,\mathrm{Cs},\mathrm{Bp} >$$

式中：V 表示节点的集合；E 表示边的集合；Cs 表示影响强度，$E \to \{h,g \mid -1 < h,g < 1\}$；Bp 表示节点的基准或者先验概率，$V \to [0,1]$。

图 5-3 表示一个基本影响网。节点 A、B、C、D 为根节点，即没有父节点的节点，通常用直角矩形表示；X 为非根节点，用圆角矩形表示，由于 X 没有子节点又称为叶节点。通常在影响网中 X 代表原因事件 A、B、C、D 的期望结果，带箭头的连接线表示父节点对子节点的促进关系，带圆圈的连接线表示

父节点对子节点的抑制关系，通过一对 CAST 逻辑参数 (h,g) 来量化父、子节点间的不确定关系。根节点上方的概率值表示其先验概率，非根节点上方的概率值表示其基准概率。影响网的概率推理是基于节点间条件独立的假设条件，这一点类似于循环消息传播算法中的假设。

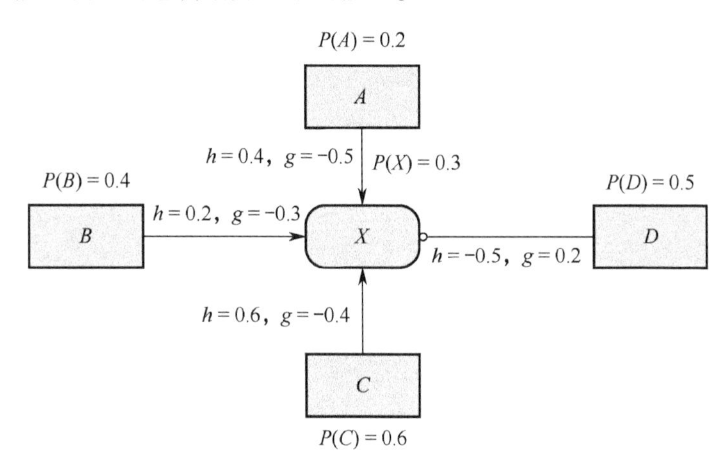

图 5-3　基本影响网模型

影响网本身的图形结构就蕴含了这一假设，即任何一个节点 x_i 和其非直接父节点 x_j 条件独立于 x_i 的所有父节点集合 π_i，即

$$P(x_i \mid x_j, \pi_i) = P(x_i \mid \pi_i) \tag{5-1}$$

那么影响网中 n 个节点变量的联合概率可表示为

$$P(x_1, x_2, \cdots, x_n) = \prod_{i=1}^{n} P(x_i \mid \pi_i) \tag{5-2}$$

通过条件独立关系，影响网将联合概率分布分解为若干条件概率的乘积，对于每个条件概率而言其涉及的变量数较少，从而可以大大简化问题求解的难度。

在影响网中先验概率和基准概率分别是指在不考虑任何影响关系条件下，根节点与非根节点的发生概率，而非根节点的边缘概率是指在其所有父节点组合影响条件下，非根节点的发生概率。因此，非根节点的边缘概率可以通过该节点基准概率及其与父节点间的 CAST 逻辑参数 (h,g) 计算得到，接下来将具体介绍其计算原理。

2. CAST 逻辑

由于构建 BN 时需要确定条件概率的数量随着节点数量的增多将会成指数级增长，这对于建模者而言是一个巨大的挑战。为了解决这一问题，Chang 等提出了一种名为因果影响（CAST）逻辑的形式化方法，从一组用户定义的参数获得大量的条件概率。CAST 逻辑从 Noisy-Or 推广而来，实际上 Noisy-Or 方法是 CAST 逻辑的一种特例。对于每对具有依赖关系的网络节点，首先只需要两个逻辑参数来表达这一影响关系；然后将这两个逻辑参数转化为节点 CPT，因此可以认为影响网是一种特殊的 BN。

图 5-3 中在每条连接线上都有一对 CAST 逻辑参数，参数的取值为正表示促进关系，取值为负表示抑制关系。例如，节点 A 与 X 之间弧上的一对参数 $h = 0.4$，$g = -0.5$，$h = 0.4$ 表示如果 A 发生，则 X 发生的概率是 0.4，$g = -0.5$ 表示如果 A 不发生，则 X 不发生的概率是 0.5。

节点 X 的边缘概率需要计算其父节点 $2^4 = 16$ 种组合下的条件概率，即

$$\begin{aligned} P(X) = & P(X \mid \bar{A},B,C,D) + P(X \mid A,\bar{B},C,D) + P(X \mid A,B,\bar{C},D) \\ & + P(X \mid A,B,C,\bar{D}) + P(X \mid \bar{A},\bar{B},C,D) + P(X \mid A,\bar{B},\bar{C},D) \\ & + P(X \mid A,B,\bar{C},\bar{D}) + P(X \mid \bar{A},B,\bar{C},D) + P(X \mid \bar{A},B,C,\bar{D}) \\ & + P(X \mid A,\bar{B},C,\bar{D}) + P(X \mid \bar{A},\bar{B},\bar{C},D) + P(X \mid A,\bar{B},\bar{C},\bar{D}) \\ & + P(X \mid \bar{A},B,\bar{C},\bar{D}) + P(X \mid \bar{A},\bar{B},C,\bar{D}) + P(X \mid \bar{A},\bar{B},\bar{C},\bar{D}) \\ & + P(X \mid A,B,C,D) \end{aligned} \tag{5-3}$$

以计算其中一种组合 $P(X \mid A,B,\bar{C},\bar{D})$ 为例，需考虑 A、B 与 X 弧上的 h 值，以及 C、D 与 X 弧上的 g 值，故因果强度集为 $\{0.4,0.2,-0.4,0.2\}$，下面通过 4 个步骤将 CAST 逻辑参数 (h,g) 转化为条件概率。

1）聚合正影响强度

合并因果影响强度集中所有正值，公式为

$$P_t = 1 - \prod (1 - \theta_i) \qquad \forall \theta_i > 0 \tag{5-4}$$

式中：θ_i 为因果影响强度集中对应 h 或 g 为正的值；P_t 为聚合的正影响强度，则 $P(X \mid A,B,\bar{C},\bar{D})$ 的正影响强度 $P_t = 0.616$。

2）聚合负影响强度

合并因果影响强度集中所有负值，公式为

$$N_t = 1 - \prod (1 - |\theta_i|) \qquad \forall \theta_i < 0 \tag{5-5}$$

式中：θ_i 为因果影响强度集中对应 h 或 g 为负的值；N_t 为聚合的负影响强度，则 $P(X \mid A,B,\bar{C},\bar{D})$ 的负影响强度 $N_t = 0.4$。

3）综合正负影响强度

综合聚合的正负影响强度，得到综合的网络影响强度 S，其公式为

$$S=\begin{cases}\dfrac{P_t-N_t}{1-N_t} & P_t>N_t\\ \dfrac{N_t-P_t}{1-P_t} & P_t<N_t\\ 0 & P_t=N_t\end{cases} \tag{5-6}$$

对于 $P(X\mid A,B,\overline{C},\overline{D})$ ，由于 $P_t>N_t$ ，所以其综合影响强度 $S=0.36$ 。

4）计算条件概率

综合影响强度 S 用于计算在父节点一种组合情况下子节点的条件概率，其公式为

$$P(x\mid \pi_x')=\begin{cases}\mathrm{Bp}_x+(1-\mathrm{Bp}_x)\times S & P_t\geqslant N_t\\ \mathrm{Bp}_x-\mathrm{Bp}_x\times S & P_t<N_t\end{cases} \tag{5-7}$$

式中：x 为子节点；π_x' 为其父节点状态的某一种组合；Bp_x 为 x 的基准概率。那么在父节点一定状态组合 $(A,B,\overline{C},\overline{D})$ 下，子节点 X 的条件概率 $P(X\mid A,B,\overline{C},\overline{D})=0.552$ 。

由以上的4个步骤可以计算其余15种父节点组合条件下子节点 X 的条件概率，最终利用式（5-3）能够得到其边缘概率。

通过分析影响网的基本原理，作为BN的一种变体，IN在不确定性问题的建模与推理方面，具有以下3个优点。

（1）既考虑父节点发生对子节点的影响，同时也能够反映父节点不发生对子节点造成的影响；

（2）只需指定一对CAST逻辑参数 h 和 g ，不需要确定指数级别数量的条件概率，从而大大降低了模型参数的数量，便于问题的分析与模型的建立；

（3）由于采用循环消息传播算法的变种进行概率推理，因此网络推理是一个非NP困难问题。

5.2.2　对影响网的扩展

影响网（IN）以BN理论为基础，二者都是用来描述多种因素间静态的依赖关系，即没有考虑动态条件下时间对依赖关系的影响。Wagenhals等通过在基本IN上增加一组特殊的时序结构，提出了赋时影响网（Timed Influence Nets，TIN）。Zaidi等针对IN、TIN存在的一致性等问题，建立了一种不需要严格独立性假设的影响网络理论（Influence Networks）。朱延广等改进了TIN的时间参数，提出随机时间影响网络（Stochastic Timed Influence Nets，STIN），刻画作战效果传播时间延迟的不确定性。Haider等在TIN的基础上提出了动态影响网

（Dynamic Influence Nets，DIN），描述事件与效果间的动态关系。Papantoni 等提出了触发时间影响网络（Activation Influence Nets，ATIN），表达行动发生概率的条件制约。

尽管研究人员对 IN 进行了不同程度的改进，但是还存在对时间因素建模能力不强，缺乏对逻辑约束的考虑，模型参数由专家指定主观性大等问题。为了更好地描述作战任务过程及评估作战任务效能，本书进一步从时间约束、CAST 逻辑参数的确定两个方面对 TIN 进行扩展。

1. 时间约束

时间是作战行动的一个重要属性，通过行动开始时间、结束时间和持续时间能够明确单个作战行动的时间约束。然而，在作战任务的执行过程中，涉及多个作战行动之间的时序关系，它们之间可能是异步的，即在多个父节点行动中有一项完成，子节点行动即可开始；也可能是同步的，即多个父节点行动必须全部完成，子节点行动才能开始。下面主要从这两个方面考虑父节点行动对子节点行动造成的影响。

对于异步关系，通常父节点行动完成先后顺序的不同，对子节点行动完成的影响是不同的。为此在 TIN 的基础上，增加一类指向节点自身类型的弧——循环弧，使节点当前状态的概率不仅与其父节点执行情况有关，而且还依赖于自身前一时刻的状态，即

$$P(X_n) = H(P(X_{n-1}), \pi_X) \tag{5-8}$$

式中：π_X 表示 X 的父节点；$P(X_n)$ 表示 X 在时刻 n 的出现概率；$P(X_{n-1})$ 表示在 X_n 前一时刻出现的概率；H 表示依赖的函数关系，由 CAST 逻辑参数 (h,g) 来表达。

根据影响强度的高低将 (h,g) 划分为高、中、低 3 个等级，见表 5-1。

表 5-1　CAST 逻辑参数等级表

	高	中	低
$(h,\ g)$	(0.9，-0.9)	(0.6，-0.6)	(0.3，-0.3)

循环弧的 (h,g) 较高，说明节点当前状态有保持其前一时刻状态的趋势。反之，节点当前状态受前一时刻状态的影响较小。如果 (h,g) 都为零，则相当于该节点没有循环弧，其状态只与父节点相关。

如图 5-4 所示，弧上的参数与 TIN 中的 CAST 逻辑参数含义相同，其中第三个参数表示节点的执行时间。子节点 B 具有一个循环弧，$h=0.9$ 表明前一时刻 B_{n-1} 为真时，下一个时刻 B_n 为真的概率强烈依赖于 B_{n-1} 的状态；$g=-0.3$ 表明当 B_{n-1} 为假时，B_n 为假的概率受 B_{n-1} 状态的影响较小。如图 5-5 所示，通过

两种不同的行动方案说明循环弧是如何体现父节点不同的执行顺序对子节点造成的影响。

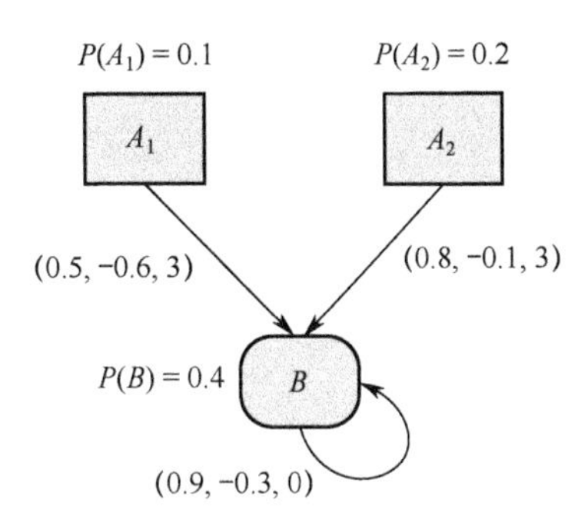

图 5-4　具有循环弧的赋时影响网

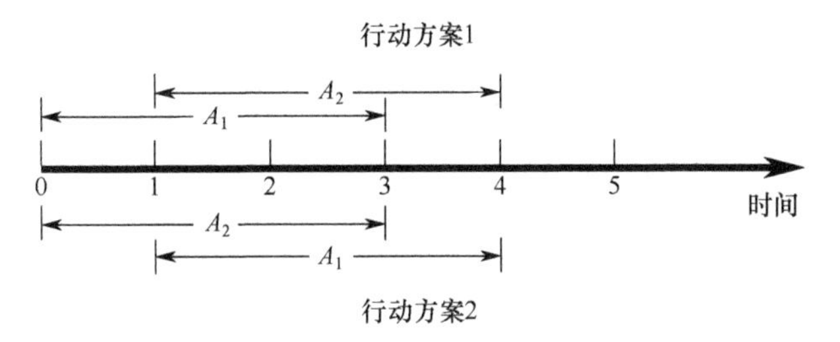

图 5-5　两种不同执行顺序的行动方案

行动方案 1 中 A_1 在 A_2 之前发生，在 $t=3$ 时刻 B 只受到 A_1 影响，其发生概率为

$$P(B_{t=3}) = P(B \mid A_1)P(A_1) + P(B \mid \overline{A_1})P(\overline{A_1}) = 0.214$$

那么在下一时刻 $t=4$，B 同时受到自身前一时刻 $B_{t=3}$ 和父节点 A_2 的影响，其发生概率为

$$\begin{aligned}P(B_{t=4}) &= P(B \mid B_{t=3}, A_2)P(B_{t=3})P(A_2) + P(B \mid \overline{B_{t=3}}, A_2)P(\overline{B_{t=3}})P(A_2) \\ &\quad + P(B \mid B_{t=3}, \overline{A_2})P(B_{t=3})P(\overline{A_2}) + P(B \mid \overline{B_{t=3}}, \overline{A_2})P(\overline{B_{t=3}})P(\overline{A_2}) \\ &= 0.4909\end{aligned}$$

行动方案 2 中 A_2 在 A_1 之前发生，在 $t=3$ 时刻 B 只受到 A_2 影响，其发生概率为

$$P(B_{t=3}) = P(B \mid A_2)P(A_2) + P(B \mid \overline{A_2})P(\overline{A_2}) = 0.464$$

那么在下一时刻 $t=4$，B 同时受到自身前一时刻 $B_{t=3}$ 和父节点 A_1 的影响，其发生概率为

$$P(B_{t=4}) = P(B \mid B_{t=3}, A_1)P(B_{t=3})P(A_1) + P(B \mid \overline{B_{t=3}}, A_1)P(\overline{B_{t=3}})P(A_1)$$
$$+ P(B \mid B_{t=3}, \overline{A_1})P(B_{t=3})P(\overline{A_1}) + P(B \mid \overline{B_{t=3}}, \overline{A_1})P(\overline{B_{t=3}})P(\overline{A_1})$$
$$= 0.4846$$

通过对比可以发现，由于 A_1 、A_2 执行先后顺序的不同，导致了 B 的中间状态 $B_{t=3}$ 和最终状态 $B_{t=4}$ 的不同。由此可见，父节点不同执行顺序对子节点造成的影响，可以通过引入循环弧这一机制来捕获。

对于同步关系，子节点要在其所有父节点都完成的基础上才能开始，父节点之间有一个等待和同步的过程。那么，先完成的父节点对子节点的影响会随着时间的推移而减弱，而后完成的父节点由于在时间上与子节点的发生比较接近，影响也更为明显。为此，在 TIN 的基础上，改变 CAST 逻辑参数固定不变的模式，使其在不同的时间段内具有不同的取值，从而体现影响强度随时间变化的特点。

时间对影响强度改变的程度通过强度参数 μ 来表达，即 $(h',g') = \mu \cdot (h,g)$。$\mu$ 在不同时间段内同样对应高、中、低 3 个等级，即

$$\mu = \begin{cases} 0.9 & 0 < t \leqslant t_1 \\ 0.6 & t_1 < t \leqslant t_2 \\ 0.3 & t_2 < t < +\infty \end{cases}$$

式中：t 表示父节点完成时到子节点开始的时间间隔。特别地，当 $t = 0$ 时 $(h',g') = (h,g)$，意味着时间因素对影响强度无影响，此时父节点不需要等待，子节点在父节点完成后立刻发生。当 $t > 0$ 时，不同节点 μ 的取值可能对应不同的时间间隔 t。如图 5-6 所示，父节点 A_1 、A_2 对子节点 B 的影响强度均随着时间的增加而减弱，A_1 对 B 的影响强度在时间 $0 < t < 3$ 内为高，此时参数的取值为 $(h',g') = 0.9 \times (0.5, -0.6) = (0.45, -0.54)$，而 A_2 对 B 的影响强度在时间 $0 < t < 2$ 内为高，则此时参数的取值为 $(h',g') = 0.9 \times (0.8, -0.1) = (0.72, -0.09)$。

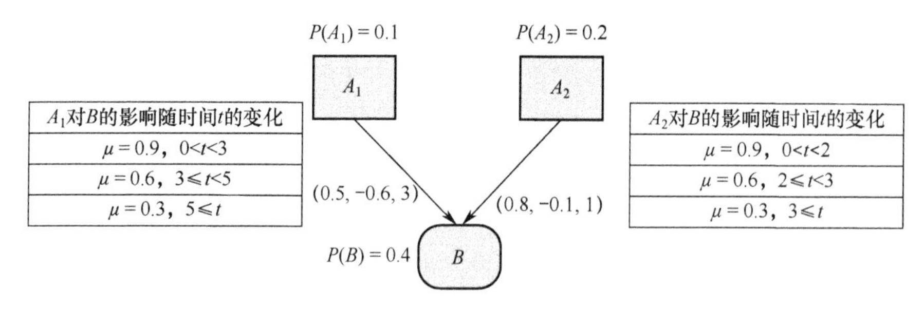

图 5-6 具有变化影响强度的赋时影响网

假设 A_1 和 A_2 分别在 $t=2$ 和 $t=0$ 时刻开始执行，且 B 对 A_1、A_2 的要求是同步关系，如图5-7所示。

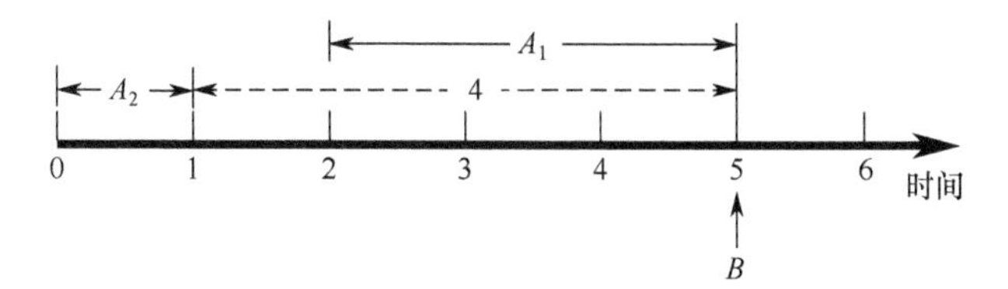

图5-7　具有同步关系的行动方案

由图5-7可知，A_2 的持续时间为1，在 $t=1$ 时已执行完成；A_1 的持续时间为3，在 $t=5$ 时才能完成。由于子节点 B 要求父节点 A_1 和 A_2 是同步关系，所以 B 必须在 A_1、A_2 都完成之后，即 $t=5$ 时刻才能开始，但 A_2 早已在 $t=1$ 时刻完成，那么 A_2 需要等待4个时间单位，其对 B 的影响强度随着时间的推进而减弱。此时，A_2 对 B 的影响强度为"低"，而在 A_1 完成时，B 要求的同步条件得到满足，从而能够立即执行，此时 A_1 不需要等待，那么其对 B 的影响强度不受时间约束，如图5-8所示。

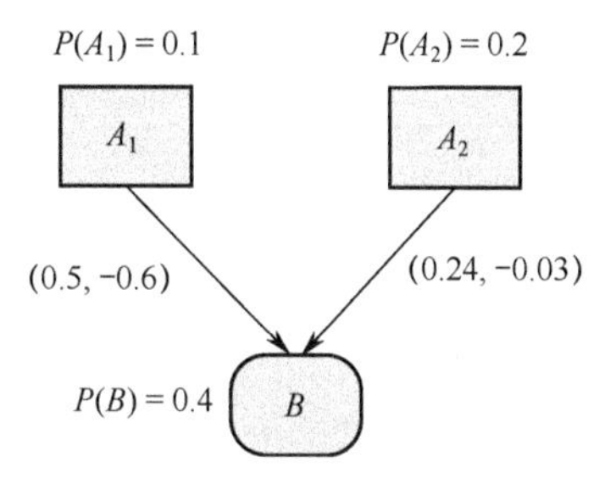

图5-8　$t=5$ 时刻图的实例

则此时 B 的发生概率为

$$\begin{aligned}P(B_{t=5}) &= P(B \mid A_1,A_2)P(A_1)P(A_2) + P(B \mid \overline{A_1},A_2)P(\overline{A_1})P(A_2) \\ &\quad + P(B \mid A_1,\overline{A_2})P(A_1)P(\overline{A_2}) + P(B \mid \overline{A_1},\overline{A_2})P(\overline{A_1})P(\overline{A_2}) \\ &= 0.2203\end{aligned}$$

由此可见，对于具有同步关系的 A_1、A_2，在不同时刻对 B 的影响强度是不同的。因此，可以通过引入强度参数，改变CAST逻辑参数的取值，从而表达影响强度与时间之间的变化关系。

如图5-9所示，由于节点 A_1 和 A_2 是同步关系，故其对节点 B 的影响强度会随时间的变化而改变，节点 A_3 和 B 是异步关系。对节点 C 的影响与 A_3、B

执行的先后顺序相关，故 C 具有一个循环弧，表示其当前状态依赖于自身前一时刻的状态。

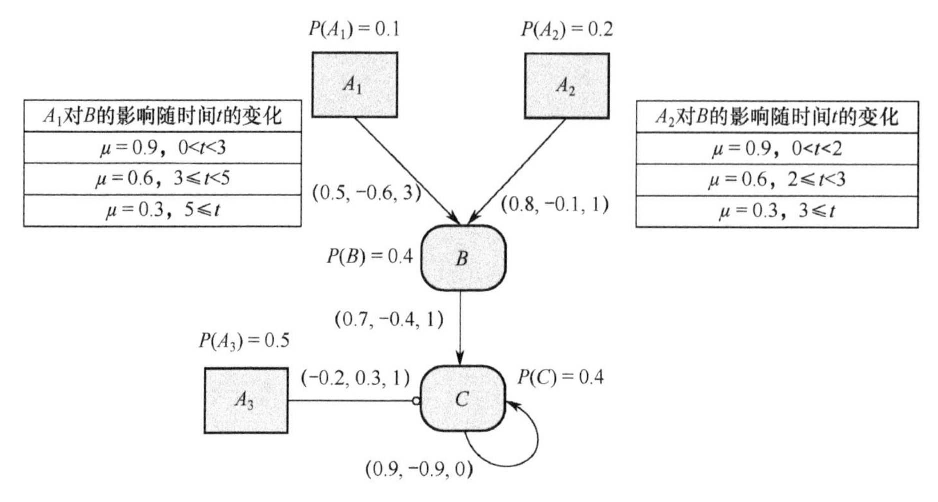

图 5-9　具有时间约束的赋时影响网

假设 A_1、A_2、A_3 分别在 $t=2$、$t=0$、$t=3$ 时刻开始执行，节点间的执行顺序如图 5-10 所示。

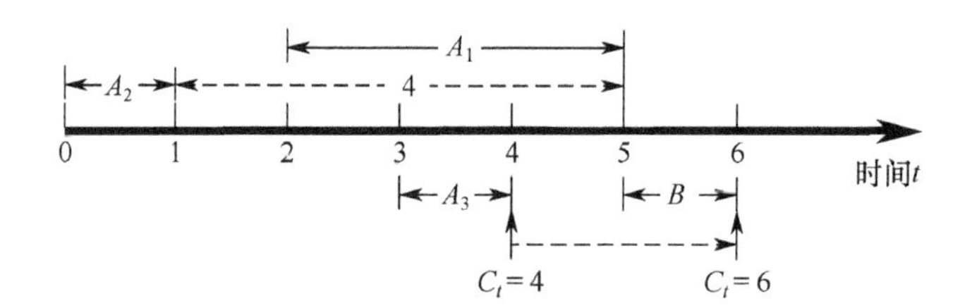

图 5-10　具有时间约束的行动方案

按照时间推进的先后顺序，首先计算节点 C 在 $t=4$ 时刻的发生概率为

$$P(C_{t=4}) = P(C \mid A_3)P(A_3) + P(C \mid \overline{A_3})P(\overline{A_3}) = 0.45$$

然后计算节点 B 在 $t=5$ 时刻的发生概率为

$$\begin{aligned} P(B_{t=5}) = & P(B \mid A_1,A_2)P(A_1)P(A_2) + P(B \mid \overline{A_1},A_2)P(\overline{A_1})P(A_2) \\ & + P(B \mid A_1,\overline{A_2})P(A_1)P(\overline{A_2}) + P(B \mid \overline{A_1},\overline{A_2})P(\overline{A_1})P(\overline{A_2}) \\ = & 0.2203 \end{aligned}$$

最后计算节点 C 在 $t=6$ 时刻的发生概率为

$$P(C_{t=6}) = P(C \mid C_{t=4}, B_{t=5})P(C_{t=4})P(B_{t=5}) + P(C \mid \overline{C_{t=4}}, B_{t=5})P(\overline{C_{t=4}})P(B_{t=5})$$
$$+ P(C \mid C_{t=4}, \overline{B_{t=5}})P(C_{t=4})P(\overline{B_{t=5}}) + P(C \mid \overline{C_{t=4}}, \overline{B_{t=5}})P(\overline{C_{t=4}})P(\overline{B_{t=5}})$$
$$= 0.4397$$

通过以上对时间约束的分析可以得出，循环弧机制能够表现节点间的异步关系，随时间变化的 CAST 逻辑参数能够表达节点间的同步关系，从而进一步提升了 TIN 对时间的建模能力，使模型能够更加真实地展示现实世界中复杂的时间关系。

2. CAST 逻辑参数的确定

CAST 逻辑参数体现了不同节点之间的影响强度，表达的含义明确、直观，是影响网的一个重要组成元素。它的引入大大降低了网络推理所需要的条件概率的数量，更加便于模型的构建。但是，目前 IN 中的逻辑参数多为领域专家根据领域知识人为确定其取值，存在一定的主观性。

为了避免 CAST 逻辑参数人为确定的主观性，本书通过统计仿真系统的输出结果，计算各节点发生的基准概率和条件概率，将条件概率与 CAST 逻辑参数的关系进行线性插值，从而确定 (h,g) 的取值。

由于仿真手段与认识能力上的局限性，在面对一个复杂的系统或者过程时，对其建立完整的仿真模型往往是一件十分困难的事情，为此可以利用“分而治之”的思想，先将一个复杂问题分解为多个相对简单的小问题，之后再逐一求解。

如图 5-11 所示，影响网引入了条件独立性假设，从而只需考虑与每个条件概率相关的有限变量，简化了联合概率分布的计算，降低问题的求解难度。例如，子节点 B 的成功概率只与其父节点 A_{14}、A_{15}、A_{16}、A_{17} 相关，而与其他节点 $A_1 \sim A_{13}$ 无关。另一方面，CAST 逻辑参数表达的是两个具有影响关系节点之间的作用强度，h 和 g 的取值只与这两个节点相关，例如，虽然子节点 B 与其父节点 A_{14}、A_{15}、A_{16}、A_{17} 都相关，但是 h_{14}、g_{14} 的取值只与 A_{14} 对 B 影响强度有关，而与其他节点 A_{15}、A_{16}、A_{17} 对 B 的影响无关。因此，可以运用着色 Petri 网、多智能体系统等模型，针对每一组具有影响关系的两个节点建立仿真模型，通过多次执行统计仿真模型的输出结果，确定 CAST 逻辑参数的取值。如何构建仿真模型不是本书研究的内容，在此主要讨论如何根据仿真统计的结果确定 CAST 逻辑参数的取值。

假设针对图 5-11 中 A_{14}、B 这两个节点构建了仿真模型，在统计 A_{14}、B 发生概率时，只考虑发生和不发生两种情况，即发生记为 1，不发生记为 0。若模型运行 n 次，则得到的样本为

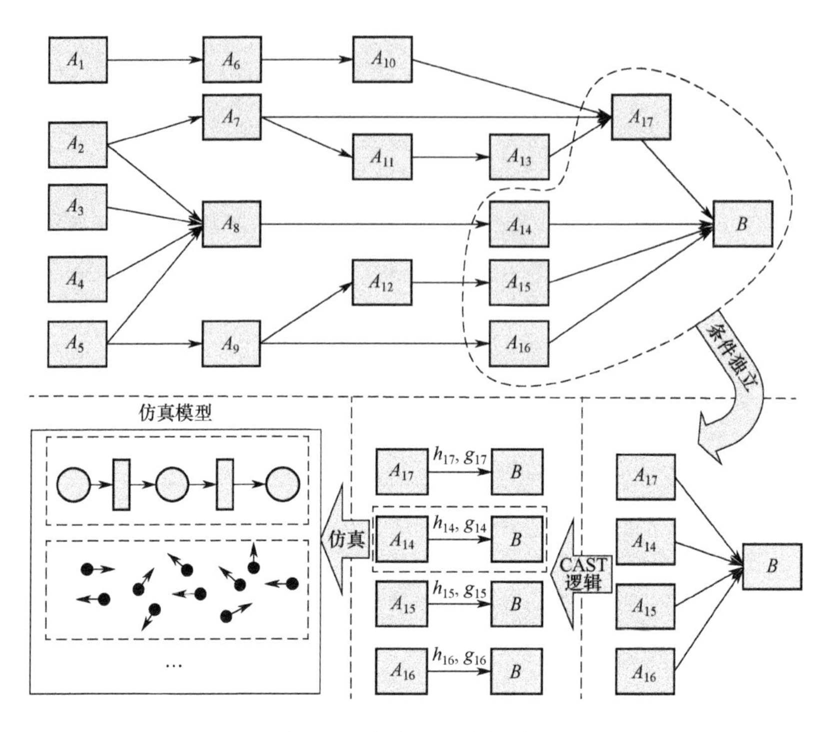

图 5-11　复杂问题分析过程

$$X = \begin{pmatrix} 1 & 1 \\ 0 & 1 \\ \vdots & \vdots \\ 1 & 1 \end{pmatrix}_{n\times 2}$$

矩阵 $\boldsymbol{X}$ 的第一列是父节点 A_{14} 的发生情况，第二列是子节点 B 的发生情况。A_{14} 的发生概率是其发生次数与模型运行的总次数之比，即 $P_{A_{14}} = \dfrac{i}{n}$，其中，$P_{A_{14}}$ 是 A_{14} 的先验概率，i 是 A_{14} 发生的样本数。节点间条件概率的计算需要联合统计父节点和子节点的发生情况。例如，$P(B \mid A_{14}) = \dfrac{j}{i}$，其中，$P(B \mid A_{14})$ 是 B 在 A_{14} 发生前提下的条件概率，i 是 A_{14} 发生的样本数，j 是 A_{14}、B 同时发生的样本数。

父节点 A_{14} 对子节点 B 的影响通过 h_{14} 和 g_{14} 两个参数表达，首先考虑 A_{14} 发生对 B 的影响。$h_{14} = 1$ 表示 A_{14} 发生时，B 肯定会发生；$h_{14} = -1$ 表示 A_{14} 发生时，B 肯定不会发生；$h_{14} = 0$ 表示 B 的发生与 A_{14} 的状态无关。所以条件概率

$P(B \mid A_{14})$ 可以表示为

$$P(B \mid A_{14}) = \begin{cases} 1 & h_{14} = 1 \\ P(B) & h_{14} = 0 \\ 0 & h_{14} = -1 \end{cases} \tag{5-9}$$

式中：$P(B)$ 是节点 B 的基准概率。

通过对式（5-9）进行线性插值，扩充正影响参数 h_{14} 在 $[-1,1]$ 的取值，如图5-12所示。

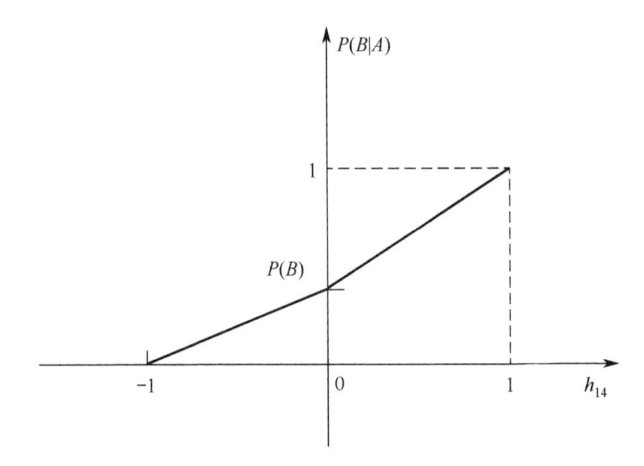

图5-12 CAST逻辑参数 h_{14} 与条件概率 $P(B \mid A)$ 的线性插值关系

$P(B \mid A_{14})$ 可以表示为

$$P(B \mid A_{14}) = \begin{cases} P(B) + (1 - P(B)) \times h_{14} & h_{14} \in [0,1] \\ P(B) + P(B) \times h_{14} & h_{14} \in [-1,0] \end{cases} \tag{5-10}$$

从而可得 h_{14} 的计算公式为

$$h_{14} = \begin{cases} \dfrac{P(B \mid A_{14}) - P(B)}{1 - P(B)} & h_{14} \in [0,1] \\ \dfrac{P(B \mid A_{14}) - P(B)}{P(B)} & h_{14} \in [-1,0] \end{cases} \tag{5-11}$$

负影响强度 g_{14} 的计算过程与 h_{14} 类似，g_{14} 表示 A_{14} 不发生对 B 的影响，即

$$P(B \mid \overline{A_{14}}) = \begin{cases} 1 & g_{14} = 1 \\ P(B) & g_{14} = 0 \\ 0 & g_{14} = -1 \end{cases} \tag{5-12}$$

同理可得

$$P(B \mid \overline{A_{14}}) = \begin{cases} P(B) + (1 - P(B)) \times g_{14} & g_{14} \in [0,1] \\ P(B) + P(B) \times g_{14} & g_{14} \in [-1,0] \end{cases} \quad (5\text{-}13)$$

从而可得 g_{14} 的计算公式为

$$g_{14} = \begin{cases} \dfrac{P(B \mid \overline{A_{14}}) - P(B)}{1 - P(B)} & h_{14} \in [0,1] \\ \dfrac{P(B \mid \overline{A_{14}}) - P(B)}{P(B)} & h_{14} \in [-1,0] \end{cases} \quad (5\text{-}14)$$

在式（5-11）、式（5-14）中，$P(B)$ 、$P(B \mid A_{14})$ 、$P(B \mid \overline{A_{14}})$ 的取值均可以通过仿真模型的统计结果确定。基于仿真结果计算 CAST 逻辑参数时：首先判断父节点的发生或者不发生对子节点是促进还是抑制作用，以确定参数 h 和 g 的正负；然后根据式（5-11）、式（5-14）得到其具体数值。

对于 A_{14} 与 B 之间的影响关系，按照 CAST 逻辑算法将参数 h 、g 转化为相应的条件概率主要有四步。以 $P(B \mid \overline{A_{14}})$ 计算为例，由于只考虑 A_{14} 不发生的条件下 B 发生的概率，故其因果强度集为 $\{g\}$ 。当 $g > 0$ 时，$P_t = g$ ，$N_t = 0$ ，$S = g$ ，所以 $P(B \mid \overline{A_{14}}) = P(B) + (1 - P(B)) \times g$ ；当 $g < 0$ 时，$P_t = 0$ ，$N_t = -g$ ，$S = -g$ ，所以 $P(B \mid \overline{A_{14}}) = P(B) - P(B) \times (-g) = P(B) + P(B) \times g$ 。由此可见，按照 CAST 逻辑算法得到的条件概率 $P(B \mid \overline{A_{14}})$ 与通过线性插值得到式（5-13）是一致的，说明将 CAST 逻辑参数与条件概率之间的关系线性化是可行的。

因此，由式（5-10）、式（5-13）得到 CAST 逻辑参数的计算公式（5-11）、式（5-14）也是可行的，从而可以利用仿真模型的统计数据计算 h 、g 的取值，避免了人为指定的主观性，使节点间的影响关系更加可信。

3. 扩展赋时影响网（ETIN）模型

以上从时间约束和 CAST 逻辑参数确定两个方面对赋时影响网进行了扩展。时间方面考虑了异步和同步两种情况。对于异步关系，通过引入循环弧，使子节点当前状态的概率不仅与其父节点执行情况有关，而且还依赖于自身前一时刻的状态，从而能够体现父节点完成的异步性对子节点完成概率的不同影响。对于同步关系，为了满足子节点对父节点的同步性要求，通过引入随时间变化的强度参数 μ ，使节点间的影响强度动态改变，从而体现不同时刻父节点对子节点完成概率的不同影响。因此，扩展赋时影响网（Extended Timed Influence

Nets，ETIN）的特点如下。

（1）随机变量集组成 ETIN 的网络节点，所有变量都是二值的。

（2）有向弧集连接网络中的两个节点。

（3）每个弧上有一对 CAST 逻辑参数 (h,g) 和一个时间参数 T_D，$(T_D > 0)$，h、g 表示节点间的影响强度，其值可由专家指定，也可通过仿真模型结果计算得到，T_D 表示父节点完成所需的时间。

（4）具有异步时间约束的节点拥有一个循环弧，具有同步时间约束的节点，拥有一对可变参数 (μ,t)，其中 μ 表示强度参数。随着时间区间 t 的不同而改变，(μ,t) 可定义为 $([0.9,0.6,0.3],[(0,t_1],(t_1,t_2],(t_2,+\infty)])$，且 $0 < t_1 < t_2$。

（5）每个非根节点有一个基准概率，每个根节点有一个先验概率。

因此，ETIN 可形式化定义为一个六元组：

$$\text{ETIN} = < V,E,\text{Cs},C_\mu,T_D,\text{Bp} >$$

式中：V 表示节点的集合；E 表示边的集合；Cs 表示影响强度，$E\to\{h,g\mid -1 < h,g < 1\}$；$C_\mu$ 表示可变强度参数，$V\to\{[0.9,0.6,0.3],[(0,t_1],(t_1,t_2],(t_2,+\infty)]\}$，$0 < t_1 < t_2,\forall i = 1,2,t_i\in Z^+$；$T_D$ 表示节点的延迟，$V\to Z^+$；Bp 表示节点的基准或者先验概率，$V\to[0,1]$。

一个典型的 ETIN 如图 5-13 所示。

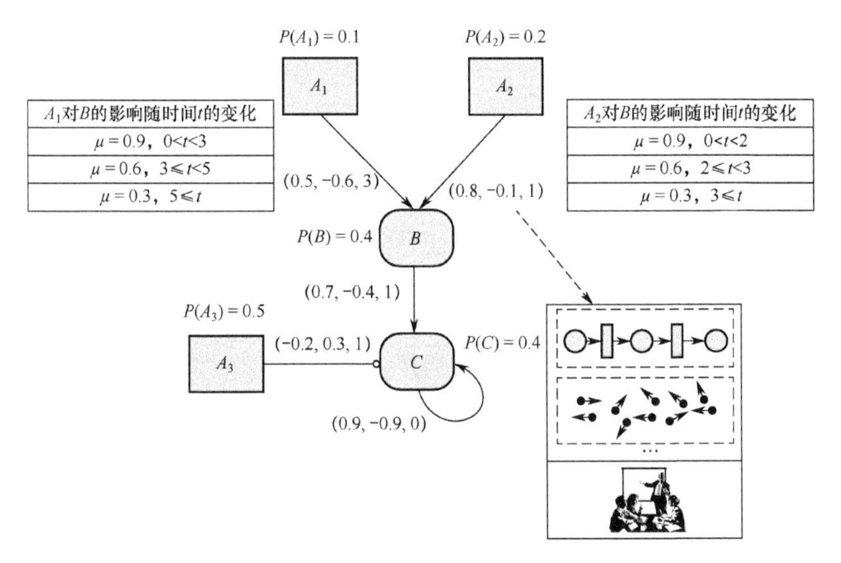

图 5-13　扩展赋时影响网

ETIN 从拓扑结构上来看是一个有向图，对于具有异步时间约束的节点，其本身有一个指向自身的循环弧，如节点 C 与其父节点 A_3 、B 之间是异步关系，故 C 有一个循环弧。对于具有同步时间约束的节点，其父节点均有一个随时间变化的强度参数 μ ，如节点 B 与其父节点 A_1 、A_2 之间是异步关系，故 A_1 、A_2 都有一个强度参数 μ 。对于有向弧上的 CAST 逻辑参数 h 、g ，其值可通过仿真系统的统计值计算得到，也可由专家根据领域知识指定。但是，为了使参数取值更能够反映客观实际，在条件允许的情况下，应尽量基于仿真结果确定。

5.3 基于扩展赋时影响网的作战任务效能评估模型构建

影响网已广泛应用于基于效果的作战中，主要用来分析作战方案与作战效果之间的因果关系，通过概率推理得到特定作战方案能够达到预期效果的可能性，其高层视图如图 5-14 所示。

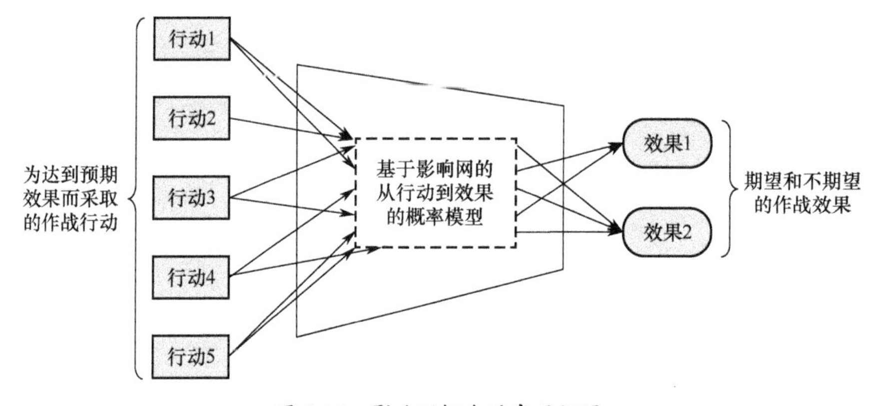

图 5-14 影响网概念的高层视图

通过设置一组可控的作战行动，经过影响网的概率推理，得到期望和不期望的作战效果。模型关注的是行动及其直接产生效果之间的关系，这里的作战行动主要涉及国家及地区，比较适合高层战略级的作战分析。然而，对于较低层的合同战术级或者分队级的作战效能评估而言，更关注具体作战行动的成败以及它们之间的时序逻辑关系，如图 5-2 所示，是一种从行动到效果再到行动不断循环的过程，最终通过一系列有序作战行动的执行达到预期的作战目标。

因此，为了能够分析作战行动的具体过程，评估其达到预期目标的有效程度，基于扩展赋时影响网 ETIN，建立作战任务的效能评估模型，根据作战行动效能评估值，预测部队完成特定作战任务的可能性，为指挥机关制订作战计划提供决策依据。

基于 ETIN 的作战任务效能评估模型中网络元素的对应关系如图 5-15 所示。

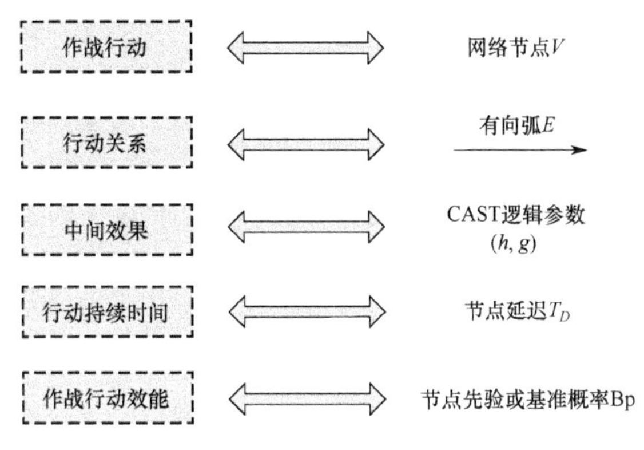

图 5-15　网络元素对应关系

5.3.1　作战行动

作战任务的执行表现为一系列相关作战行动的集合，作战任务中的每个作战行动对应 ETIN 中的一个节点，设作战行动集合 $\text{Operation} = \{\text{ope}_1, \text{ope}_2, \cdots, \text{ope}_n\}$，对于 $\forall \text{ope}_i \in \text{Operation}(i = 1,2,\cdots,n)$ 映射为一个 v_i，$\forall v_i \in V(i = 1,2,\cdots,n)$。与以往不同的是，网络中不再有行动效果节点，而都是可控的作战行动节点。由于任意作战行动 ope_i 仅有两种状态，1 表示行动成功，0 表示行动失败，行动成功与否的概率由其效能值表示，因此对应的 v_i 即为一个二值的随机变量。

5.3.2　行动关系

为了完成一定的作战目标，作战行动之间通常具有一定的时序逻辑关系，而这些关系可以通过 ETIN 中的有向弧 E 自然地表达出来。作战任务经过一系列分解、细化与简化后，在多数情况下，基本作战行动之间的关系可以明确的分为两类：一类是串联关系，另一类是并联关系，如图 5-16 所示。

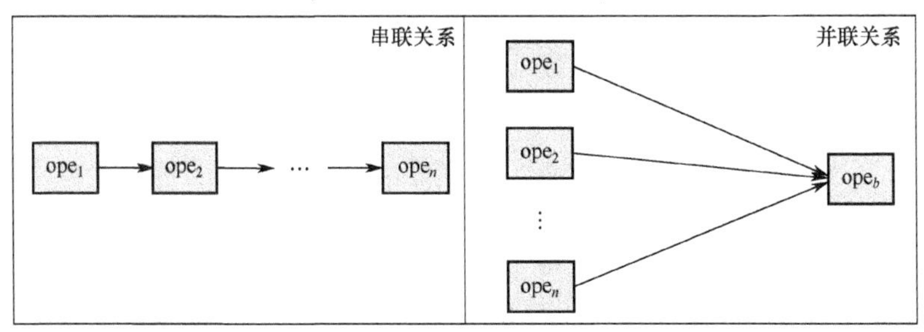

图 5-16　作战行动间的串/并联关系

与传统意义上“串联”关系意味着元素间的“必不可少”，“并联”关系意味着元素间的“复合”“备份”不同，基于效果的作战任务效能评估强调的是父节点行动执行的效果对子节点行动产生的影响。因此，无论是串联关系还是并联关系，作战行动间在逻辑上都是一种“与”的关系，即父节点行动对子节点行动的执行是必要的。无论父节点行动成功还是失败，都会产生一定的作战效果，子节点行动正是在这些作战效果基础上展开的。ETIN 能够针对作战行动间这一特殊的关系进行建模，不仅考虑了父节点行动成功对子节点行动的影响，而且将父节点行动失败造成的影响也在模型中体现出来。

1. 串联关系

如图 5-16 所示的行动间串联关系，对于一组作战行动的集合 $\mathrm{Operation} = \{\mathrm{ope}_1, \mathrm{ope}_2, \cdots, \mathrm{ope}_n\}$，$\forall \mathrm{ope}_i, \mathrm{ope}_j \in \mathrm{Operation}(i,j = 1,2,\cdots,n \text{ 且 } i \neq j)$，若存在串联关系，则在 ETIN 中创建节点 v_i、节点 v_j 以及有向弧 $e_{i,j}$，行动间的时间关系满足 $\mathrm{T\_Start}_{\mathrm{ope}_i} + \mathrm{T}_{D\_\mathrm{ope}_i} = \mathrm{T\_Start}_{\mathrm{ope}_j}$，即行动 ope_j 要在行动 ope_i 完成后才能开始。

2. 并联关系

在这里作战行动间的并联关系分为异步并联关系和同步并联关系。如图 5-16 所示的行动间并联关系，对于作战行动集合 $\mathrm{Operation} = \{\mathrm{ope}_1, \mathrm{ope}_2, \cdots, \mathrm{ope}_n, \mathrm{ope}_b\}$，$\forall \mathrm{ope}_i, \mathrm{ope}_j \in \mathrm{Operation}(i,j = 1,2,\cdots,n \text{ 且 } i \neq j)$，若 $\mathrm{ope}_i, \mathrm{ope}_j$ 与 ope_b 是异步并联关系，则在 ETIN 中创建节点 v_i、v_j、v_B 以及有向弧 $e_{i,b}$、$e_{j,b}$，并且为节点 v_b 添加循环弧 $e_{b,b}$，行动间的时间关系满足 $\min\{\mathrm{T\_Start}_{\mathrm{ope}_i} + \mathrm{T}_{D\_\mathrm{ope}_i}, \mathrm{T\_Start}_{\mathrm{ope}_j} + T_{D\_\mathrm{ope}_j}\} = \mathrm{T\_Start}_b$，即 $\mathrm{ope}_i, \mathrm{ope}_j$ 中只要有一项作战行动先完成，行动 ope_b 即可开始执行。若 $\mathrm{ope}_i, \mathrm{ope}_j$ 与 ope_b 是同步并联关系，则在 ETIN 中创建节点 v_i、v_j、v_b 以及有向弧 $e_{i,b}$、$e_{j,b}$，行动间的时间关系满足 $\max\{\mathrm{T\_Start}_{\mathrm{ope}_i} + T_{D\_\mathrm{ope}_i}, \mathrm{T\_Start}_{\mathrm{ope}_j} + T_{D\_\mathrm{ope}_j}\} = \mathrm{T\_Start}_b$，即 $\mathrm{ope}_i, \mathrm{ope}_j$ 必须全部完成后，行动 ope_b 才能开始执行。

通过将作战行动间的串联、并联关系映射为 ETIN 中节点间的有向弧，表达了行动先后的时序逻辑关系，从而确定了 ETIN 的网络拓扑结构。

5.3.3 中间效果

每一项作战行动的执行都依赖于一定的前提条件，只有前提条件得到满足时该作战行动才能开始，执行的结果是一系列行动效果，而这些效果又是后序作战行动开始的前提条件。将行动与行动之间的中间效果映射到 ETIN 中的 CAST 逻辑参数 h, g，通过影响参数表达前一个行动执行的效果对后一行动的影响，如图 5-17 所示。

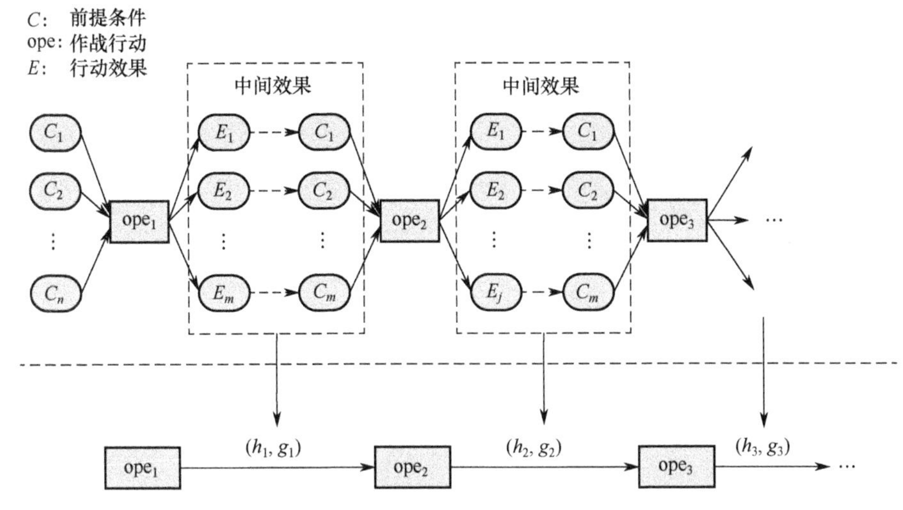

图 5-17　中间效果与逻辑参数对应关系

CAST 逻辑参数 h,g 蕴含了行动到效果再到行动的影响关系，将两个行动间原本复杂的行动与效果的关系转化为一对影响参数，模型结构变得更加简洁，有利于作战任务效能的计算。

5.3.4　行动持续时间

在赋时影响网中，时间延迟包括节点处理信息的时间延迟 D_v 和节点间信息传播的时间延迟 D_E，在此为了建模和描述的方便，将这两类时间延迟合并为行动持续时间 D，对应于 ETIN 中的时间延迟 T_D，如图 5-18 所示。

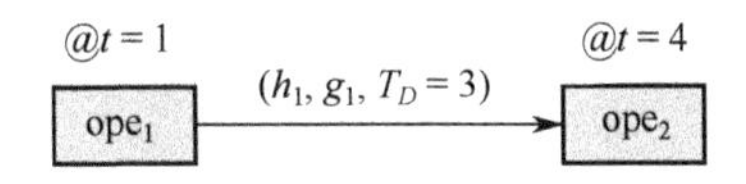

图 5-18　行动持续时间与时间延迟对应关系

作战行动 ope_1 的持续时间为 3 个时间单位，假设 ope_1 在时刻 $t = 1$ 开始执行，在经过延迟时间 $T_D = 3$ 后，在 $t = 4$ 时，ope_1 执行完毕，其产生的作战效果到达 ope_2，此时 ope_2 在影响参数 h_1,g_1 条件下开始执行。

如图 5-19 所示，在 ETIN 中由于是行动与行动之间的关系，对于具有同一父节点的子节点而言，父节点的执行时间是一样的，即 T_D 相同；但是，在 TIN 中由于是行动与效果之间的关系，同一个行动达到不同效果的时间可能不一样，即 D 不一定相同。

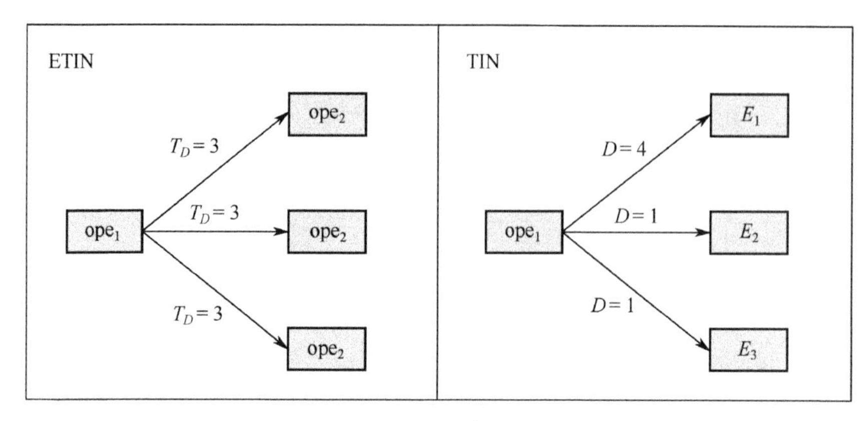

图 5-19　ETIN 与 TIN 中延迟时间比较

5.3.5　作战行动效能

作战行动效能是指一定的作战单元完成某项作战行动的效能，将行动效能值映射到 ETIN 中节点的先验或基准概率 Bp，其过程如图 5-20 所示。

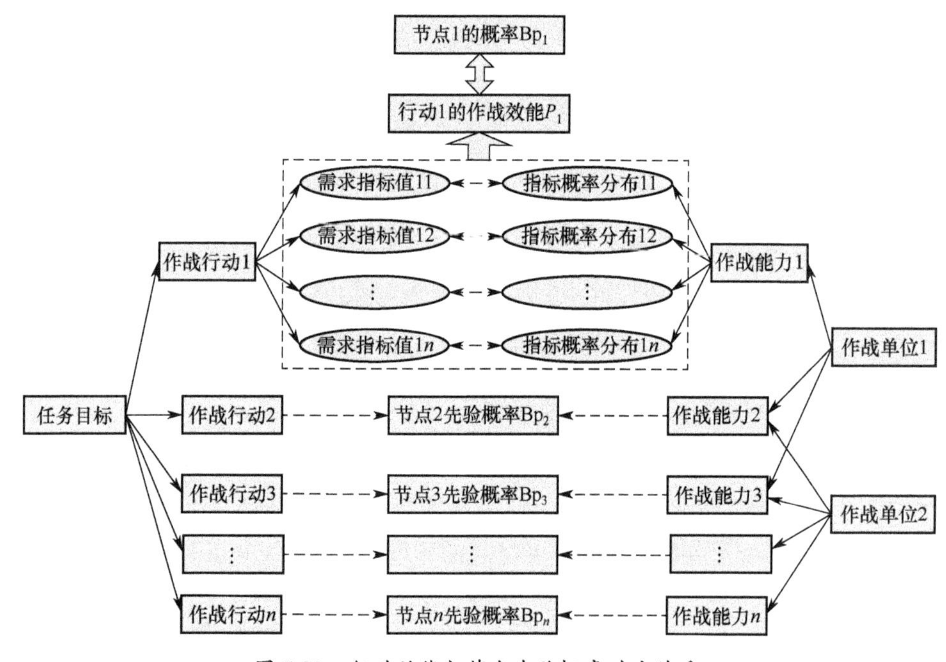

图 5-20　行动效能与节点先验概率对应关系

一项作战任务根据其目标可以分解为多个作战行动 $ope = \{ope_1, ope_2, \cdots,$

$ope_n\}$，每个作战行动对应一个或多个衡量指标，根据任务需求每个衡量指标对应一个指标需求值。例如，对于 $\forall ope_i \in ope(i = 1,2,\cdots,n)$ 有 j 个衡量指标 $opeI_i = \{opeI_i^1, opeI_i^2, \cdots, opeI_i^j\}$，对应 j 个指标需求值 $opeIN_i = \{opeIN_i^1, opeIN_i^2, \cdots, opeIN_i^j\}$，$\forall opeIN_i^k \in opeIN_i(k = 1,2,\cdots,j)$ 是完成行动 ope_i 必须达到的标准。一个作战单位具有完成多项作战行动的能力 $Ca = \{Ca_1, Ca_2, \cdots, Ca_n\}$，每种作战能力对应一项作战行动，相应的具有一种或多种指标概率分布。例如，$\forall Ca_i \in Ca(i = 1,2,\cdots,n)$ 对应一项作战行动 ope_i，Ca_i 具有一组指标概率分布 $F_i = \{F_i^1, F_i^2, \cdots, F_i^n,\}$ 与 ope_i 的 n 个指标需求值 $opeIN_i = \{opeIN_i^1, opeIN_i^2, \cdots, opeIN_i^n\}$ 对应。通过比较 F_i 和 $opeIN_i$ 可以得到一定作战单位完成特定作战行动的效能值 P_i，因此利用第 4 章提出的作战行动效能评估方法能够计算得到 P_i，由于 P_i 是基于训练效果数据统计得到，表示一定时期内作战单位完成行动的概率，可以自然的将其映射为扩展赋时影响网中的节点先验或基准概率 $Bp = \{Bp_1, Bp_2, \cdots, Bp_n\}$。作战单位不同，所具有的作战能力通常不同，对应节点的 Bp_i 也不同。如果两种作战能力的所有指标概率分布的种类相同，那么它们视为同一种作战能力，从而不同的作战单位可能具备完成同一项作战行动的能力。但是，由于作战单位不同，其具体指标概率分布不尽相同，对应节点的 Bp_i 通常是不同的。

通过将作战行动映射为网络节点，利用有向弧及节点延迟时间表达行动间复杂的时序逻辑关系，CAST 逻辑参数表示具有因果关系行动间的影响强度，作战行动效能值对应节点的先验或基准概率，构建了基于 ETIN 的作战任务效能评估模型。由于作战行动效能是基于部队训练效果数据统计分析得到的，能够从客观上反映部队作战实际，将作战行动效能值映射为网络节点的先验或基准概率，能够克服 ETIN 模型中节点概率由专家指定而存在的主观性，使作战任务效能的评估结果更加真实可信。

5.4　基于扩展赋时影响网的作战任务效能计算

在构建基于扩展赋时影响网的作战任务效能评估模型的基础上，进一步明确效能评估的计算步骤，并结合算例分析其计算过程。

5.4.1　基于 ETIN 的作战任务效能计算步骤

基于 ETIN 的作战任务效能计算主要有 5 个步骤，如图 5-21 所示。

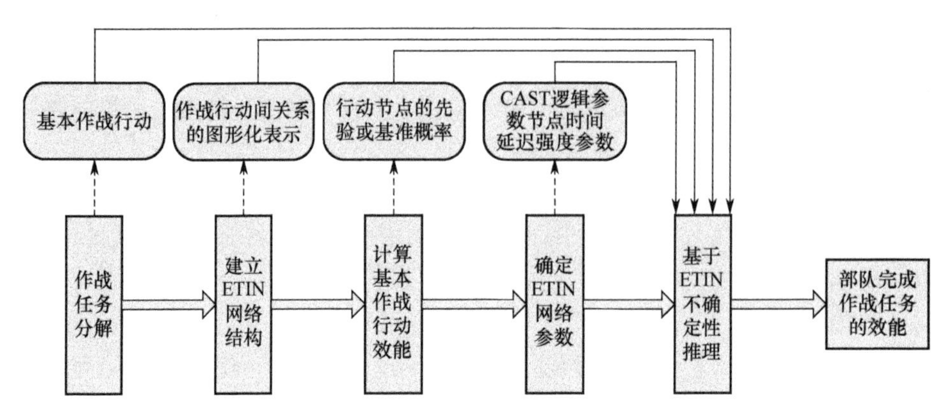

图 5-21　基于 ETIN 的作战任务效能计算步骤

1. 作战任务分解

作战任务分解是揭示作战任务内涵的基本活动，将上级赋予比较原则性的作战任务细化成若干具体子任务及基本作战行动的过程。其中，子任务是任务分解过程的中间状态，辅助建立任务分解和细化思路，可继续分解为子任务和基本作战行动，但分解的最终结果都是基本作战行动。基本作战行动是无须进一步分解执行的，如继续分解则导致执行该行动的作战单元也需要进行细分。例如，一个高炮营执行实弹打靶这一作战行动，若对其继续分解，则需要细化隶属于高炮营的三个高炮连在此次打靶中各自应承担的作战行动。

根据问题研究的需要，同一作战任务可以进行不同层次的分解。但是，最终分解得到的底层基本作战行动是不可再分的，即在当前分解粒度下，执行基本作战行动的作战单位是无须再分的。

作战任务分解在方法上可分为功能分解、目标分解、域分解等，在分解原则上可分为分解粒度原则、阶段划分原则、作战空间维度原则等。由于作战任务分解本身不是本书的研究重点，所以在此不具体讨论作战任务分解的过程和方法。作为效能计算的第一步，仅需要按照作战任务评估模型构建的方法，将作战任务分解的结果——基本作战行动映射到 ETIN 中的网络节点。

2. 建立 ETIN 网络结构

根据作战任务分解得到的基本作战行动，结合作战任务的具体需求，明确基本作战行动之间的时序逻辑关系，按照行动关系到有向弧的映射规则，建立作战任务的 ETIN 网络结构，利用 ETIN 图形化的表达方式，形象地展现基本作战行动间的时序逻辑约束。

3. 计算基本作战行动的效能

基本作战行动的效能是计算作战任务效能的基础。同一项作战行动，不同的作战单位执行，其效果往往是不同的。因此，需要根据当前任务的作战单位配置，基于作战单元的训练效果数据，依据4.4节中建立的作战行动效能评估方法，确定各项基本作战行动的作战效能，并按照5.3.5节的方法将行动效能映射为ETIN中网络节点的先验或基准概率 $Bp = \{Bp_1, Bp_2, \cdots, Bp_n\}$。

4. 确定ETIN网络参数

作战任务的ETIN网络参数包括：一对CAST逻辑参数 h 和 g，节点时间延迟 T_D，强度参数 μ。其中，CAST逻辑参数可基于仿真系统的统计结果确定，也可由军事专家根据其领域知识指定。一般而言，为了提高评估结果的客观性，首先选择基于仿真系统的方式，如果研究的问题很难或者无法建立起可信的仿真系统，则通过专家指定 h、g 是一种有效的补充。T_D 对应于作战行动的执行时间，通常根据行动的需要由军事人员确定。对于具有同步时间约束的节点，还需要指定在不同时间范围内，相应强度参数 μ 的大小，以体现行动间影响强度随时间的变化。

5. 基于ETIN不确定性推理

以作战任务的初始条件为依据，按照作战任务的执行过程，基于ETIN的不确定性推理机制，根据网络参数以及先序节点完成概率，依次计算后序节点的完成概率。随着时间的推进，网络中各个节点的发生概率依次得到更新，最终获得作战任务目标节点的完成概率。

ETIN的不确定性推理机制是一种近似的概率推理，前提假设是子节点对应的父节点相互独立。概率更新的一个基本原则是按照时间推进的先后顺序，父节点以最新的完成概率对子节点产生动态的影响，如图5-22所示。

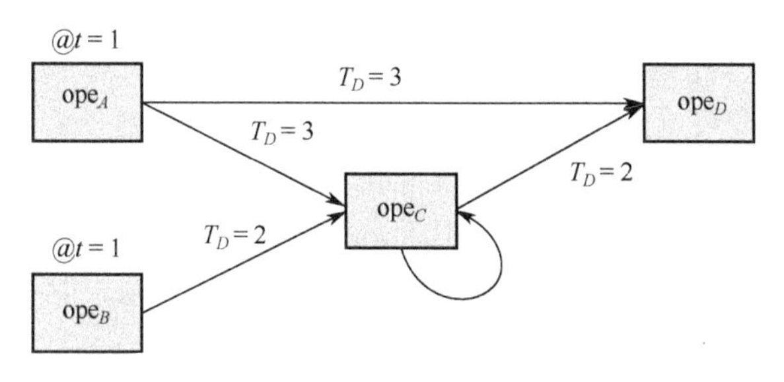

图5-22 扩展赋时影响网示例

行动 ope_A、ope_B 同时在 $t = 1$ 开始执行，由于 ope_C 具有异步时间约束，ope_C 在 $t = 3$ 和 $t = 4$ 先后受到 ope_B 和 ope_A 的影响。在这两个时刻其概率会发生相应变化，而 ope_C 以 $t = 4$ 时刻的完成概率对 ope_D 产生影响。由于 ope_D 具有同步时间约束，虽然 ope_A 在 $t = 4$ 已完成，但还需等待2个时间单位，保持

与 ope_C 同步，在 t = 6 时共同影响 ope_D 。

基本网是指仅有一个子节点的影响网，对于已知所有时刻完成概率的节点，记为完全节点，否则记为不完全节点。若 ETIN 中某节点的父节点都是完全节点，则称该节点的完全性可满足。图 5-22 所示的扩展赋时影响网示例中，ope_C 、ope_D 的完成概率求解过程如图 5-23 所示。

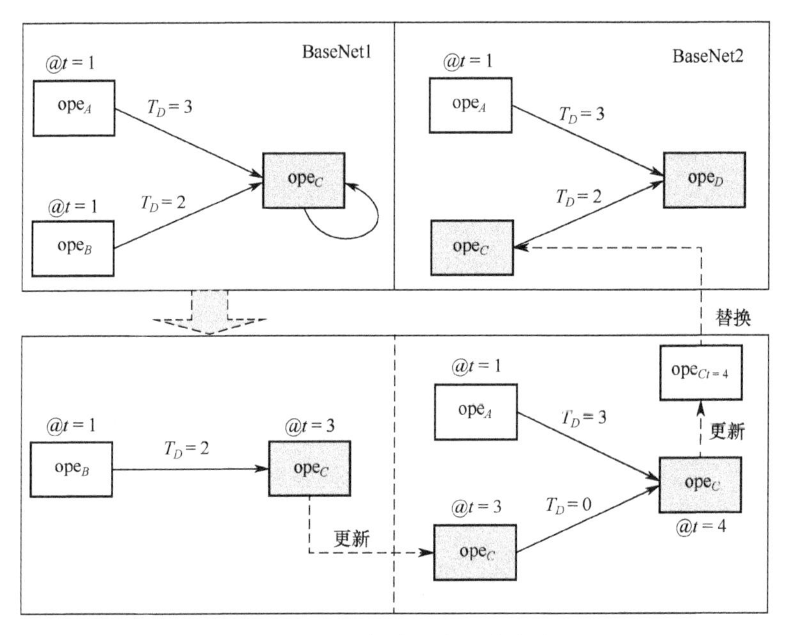

图 5-23　ETIN 概率更新的基本过程

首先，将图 5-22 的示例分解为两个基本网 BaseNet1 和 BaseNet2，BaseNet1 中父节点均是完全节点，子节点行动 ope_C 的完全性可满足，而 BaseNet2 中父节点行动 ope_C 为不完全节点，故子节点行动 ope_D 的完全性不满足。其次，计算完全性可满足行动 ope_C 的完成概率，在求解得到 ope_C 所有时刻的完成概率后，即成为完全节点。然后，替换 BaseNet2 中的不完全节点 ope_C ，此时 BaseNet2 中 ope_D 的完全性可满足。最后，计算 BaseNet2 中 ope_D 的完成概率，此时图 5-23 中所有节点均为完全节点，ETIN 的概率更新完毕。

基于 ETIN 不确定性推理的基本思路是遍历网络中所有节点，得到基本影响网集，然后按照节点的可满足性依次求解，其更新算法伪代码描述见表 5-2。

如表 5-2 所列，基本网中计算同步节点完成概率 Success 和异步节点完成概率集合 SuccessList 是 ETIN 概率更新算法的核心，其求解过程如图 5-24 所示。

表 5-2　ETIN 概率更新算法描述

```
算法：    ETIN 概率更新算法
定义：    ETIN：一个扩展赋时影响网
          Pars：v 的所有父节点集合
          SuccessList：异步行动节点的完成概率集合
          Success：同步行动节点的完成概率
          BaseNets：基本网集合
输入：    ETIN
输出：    SuccessList，Success
步骤 1    VL = GetNetLeaf（ETIN）；          //获得扩展赋时影响网中所有叶节点集合 VL
步骤 2    VR = GetNetRoot（ETIN）；          //获得扩展赋时影响网中所有根节点集合 VR
步骤 3    for VL 中每个节点 v                        //遍历集合 VL，获得全部基本网
            Pars = GetParent（v）；                          //获取 v 的所有父节点
            for Pars 中每个节点 p                                  //遍历集合 Pars
               if p 属于 VR
                 记 p 为完全节点；
               else
                   将 p 存入 VL；
                 end if
            end for
            从 VL 中删除 v；
          v 与 Pars 组合，构成基本网 BN，存入 BaseNets；
          end for
步骤 4    while BaseNets 不为空集                   //获得所有节点的完成概率（集）
               for BaseNets 中每个元素 BN                  //遍历基本网集合 BaseNets
                  if bn 中的父节点均为完全节点
                     if bn 中子节点 BNI 为异步时间约束
                     按时间推进，顺序计算子节点的完成概率集合，输出 SuccessList；
                     end if
                     if bn 中子节点 BNI 为同步时间约束
                     计算子节点的完成概率，输出 Success；
                     end if
                     将 BaseNets 中其他元素包含的 bnl 记为完全节点；
                     将 bn 从 BaseNets 中删除；
               end for
          end while
```

在求解的过程中注意，对于异步约束的节点需要保存其所有更新时刻的完成概率，对于同步约束的节点只需保存其同步时刻的完成概率。通过对 ETIN 中所有基本网子节点的求解，各个节点的完全性逐步满足，最终得到任务目标节点的完成概率，即部队完成特定任务的作战效能。

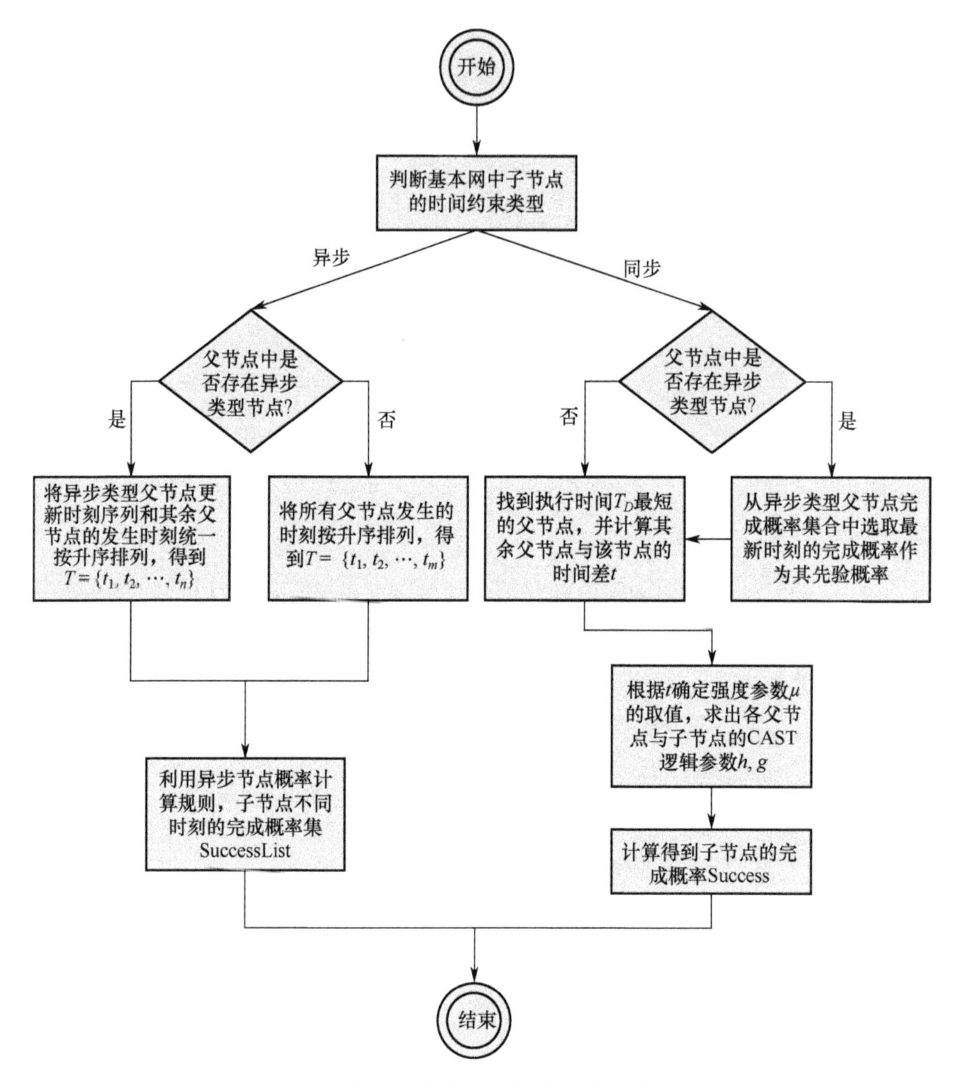

图 5-24　基本网子节点完成概率（集）求解过程

5.4.2　基于 ETIN 的作战任务效能算例分析

以上介绍了基于 ETIN 的作战任务效能计算的步骤，下面结合一个具体案例说明其计算过程。作战背景：蓝军占据某岛屿，经多年战备具有完善的防御体系，配有港口、指挥所、兵营等设施，易守难攻；红军决心集中陆、海、空三军优势兵力完成登岛作战任务，目标是攻占蓝军海港，为后续部队登陆作战创造有利条件。

作战想定：红军计划在岛屿的北部海滩登陆，从北部海滩有一条通路到达蓝军守卫的港口。红军首先由驱逐舰突破蓝军的海上封锁；然后由攻击排雷分队攻占北部海滩附近的一处高地，继而由火力攻击分队攻占北部海滩。与此同时，红军派出空中防空分队加强北部的空中防御，以及护卫舰支援北部海滩。地面防空分队负责北部海滩的防御，两栖作战分队在通往蓝军港口的通路上与其展开遭遇战。最终由攻击爆破分队攻占蓝军港口完成预期作战目标。

根据登岛作战任务的总体目标和具体作战过程，逐步分解作战任务、作战子任务得到基本作战行动及其相关属性列表，见表 5-3。

表 5-3　基本作战行动及相关属性列表

作战行动编号	作战行动名称	作战单元	执行时间/h
ope_1	北部防御	空中防空分队	5
ope_2	支援北部海滩	护卫舰	3
ope_3	海上遭遇战	驱逐舰	2
ope_4	攻占高地	攻击排雷分队	3
ope_5	攻占北部海滩	火力攻击分队	3
ope_6	防御北部海滩	地面防空分队	4
ope_7	清除港口的导弹	爆破分队	1
ope_8	港口路上遭遇战	两栖作战分队	2
ope_9	攻占港口	攻击爆破小组	2

根据作战想定中具体作战过程，这些基本作战行动满足一定的时序逻辑关系。例如，完成 ope_3 海上遭遇战和 ope_4 攻占高地是完成 ope_5 攻占北部海滩的先决条件。经过分析，按照行动间关系到 ETIN 有向弧的映射规则，登岛作战任务的行动过程可用 ETIN 的网络结构表示，如图 5-25 所示。

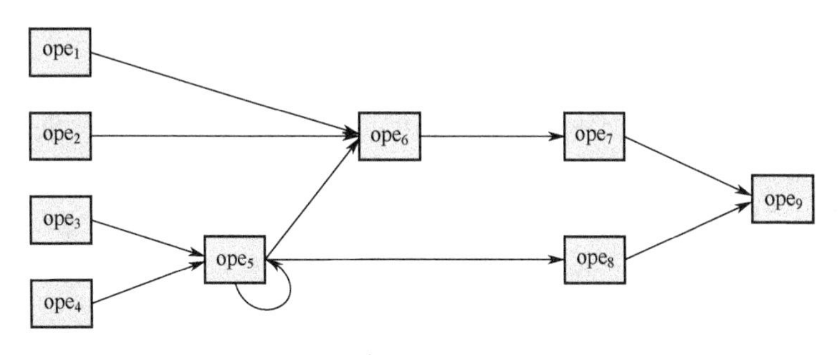

图 5-25　登岛作战任务的行动过程

由于 ope_5 的父节点行动 ope_3 、ope_4 中任何一个行动完成，ope_5 即可开始执行，因此 ope_3 、ope_4 对 ope_5 满足异步时间约束关系，故 ope_5 具有一个循环弧。ope_6 的父节点 ope_1 、ope_2 、ope_5 必须全部完成时，ope_6 才能开始执行，因此 ope_1 、ope_2 、ope_5 对 ope_6 满足同步时间约束关系，同理可知，ope_7 、ope_8 对 ope_9 也满足同步时间约束关系。

根据各个作战单元完成基本作战行动的训练效果数据，结合作战任务的需求，按照第 4.4 节中作战行动效能的评估方法，得到作战行动的效能值，从而由作战行动效能和 ETIN 中节点概率的映射关系确定图 5-25 中 $ope_1 - ope_9$ 的先验或基准概率，见表 5-4。

表 5-4　登岛作战任务的 ETIN 节点概率

作战行动编号	节点先验或基准概率
ope_1	0.6
ope_2	0.4
ope_3	0.8
ope_4	0.5
ope_5	0.4
ope_6	0.7
ope_7	0.3
ope_8	0.6
ope_9	0.8

如果针对一些典型的作战行动能够建立仿真系统，那么按照 CAST 逻辑参数的确定方法，基于仿真模拟结果统计得到基本行动间的条件概率，对条件概率和 CAST 逻辑参数之间的关系进行线性插值，从而确定参数 h 和 g 。如果针对某些作战行动目前还无法进行仿真模拟，则由军事专家根据其军事领域知识指定作战行动间的 CAST 逻辑参数 h 、g 。在此示例中，结合以上两种确定 CAST 逻辑参数的方式，陆上部分作战行动间 $ope_4 - ope_5$ 、$ope_5 - ope_6$ 、$ope_5 - ope_8$ 、$ope_6 - ope_7$ 、$ope_7 - ope_9$ 、$ope_8 - ope_9$ 的参数基于仿真系统得到，海上和空中作战行动间 $ope_1 - ope_6$ 、$ope_2 - ope_6$ 、$ope_3 - ope_5$ 的参数由专家指定。此外，由于 ope_5 具有一个循环弧，认为其强烈依赖于自身前一时刻状态，影响强度等级为高。最终得到网络的 CAST 逻辑参数见表 5-5。

表5-5　登岛作战任务的ETIN节点间CAST逻辑参数

作战行动编号	CAST逻辑参数
$ope_1 - ope_6$	$h_{1,6}=0.4, g_{1,6}=-0.5$
$ope_2 - ope_6$	$h_{2,6}=0.2, g_{2,6}=-0.3$
$ope_3 - ope_5$	$h_{3,5}=0.6, g_{3,5}=-0.4$
$ope_4 - ope_5$	$h_{4,5}=0.8, g_{4,5}=-0.6$
$ope_5 - ope_5$	$h_{5,5}=0.9, g_{5,5}=-0.9$
$ope_5 - ope_6$	$h_{5,6}=0.8, g_{5,6}=-0.9$
$ope_5 - ope_8$	$h_{5,8}=0.3, g_{5,8}=-0.5$
$ope_6 - ope_7$	$h_{6,7}=0.1, g_{6,7}=-0.2$
$ope_7 - ope_9$	$h_{7,9}=0.6, g_{7,9}=-0.7$
$ope_8 - ope_9$	$h_{8,9}=0.5, g_{8,9}=-0.6$

由于ope_1、ope_2、ope_5与ope_6之间，以及ope_7、ope_8与ope_9之间是同步时间约束关系，需要指定强度参数μ来表达作战行动间影响强度随时间变化的特点，见表5-6。

表5-6　登岛作战任务的ETIN同步节点间强度参数

作战行动编号	强度参数μ随时间t变化的取值
$ope_1 - ope_6$	$\mu=0.9$　$0<t\leqslant 2$ $\mu=0.6$　$2<t\leqslant 6$ $\mu=0.3$　$6<t$
$ope_2 - ope_6$	$\mu=0.9$　$0<t\leqslant 1$ $\mu=0.6$　$1<t\leqslant 2$ $\mu=0.3$　$2<t$
$ope_5 - ope_6$	$\mu=0.9$　$0<t\leqslant 4$ $\mu=0.6$　$4<t\leqslant 8$ $\mu=0.3$　$8<t$
$ope_7 - ope_9$	$\mu=0.9$　$0<t\leqslant 3$ $\mu=0.6$　$3<t\leqslant 5$ $\mu=0.3$　$5<t$
$ope_8 - ope_9$	$\mu=0.9$　$0<t\leqslant 5$ $\mu=0.6$　$5<t\leqslant 7$ $\mu=0.3$　$7<t$

在建立登岛作战任务的ETIN网络结构及确定相关参数的基础上，最终构建起基于扩展赋时影响网的登岛作战任务效能评估模型，如图5-26所示。

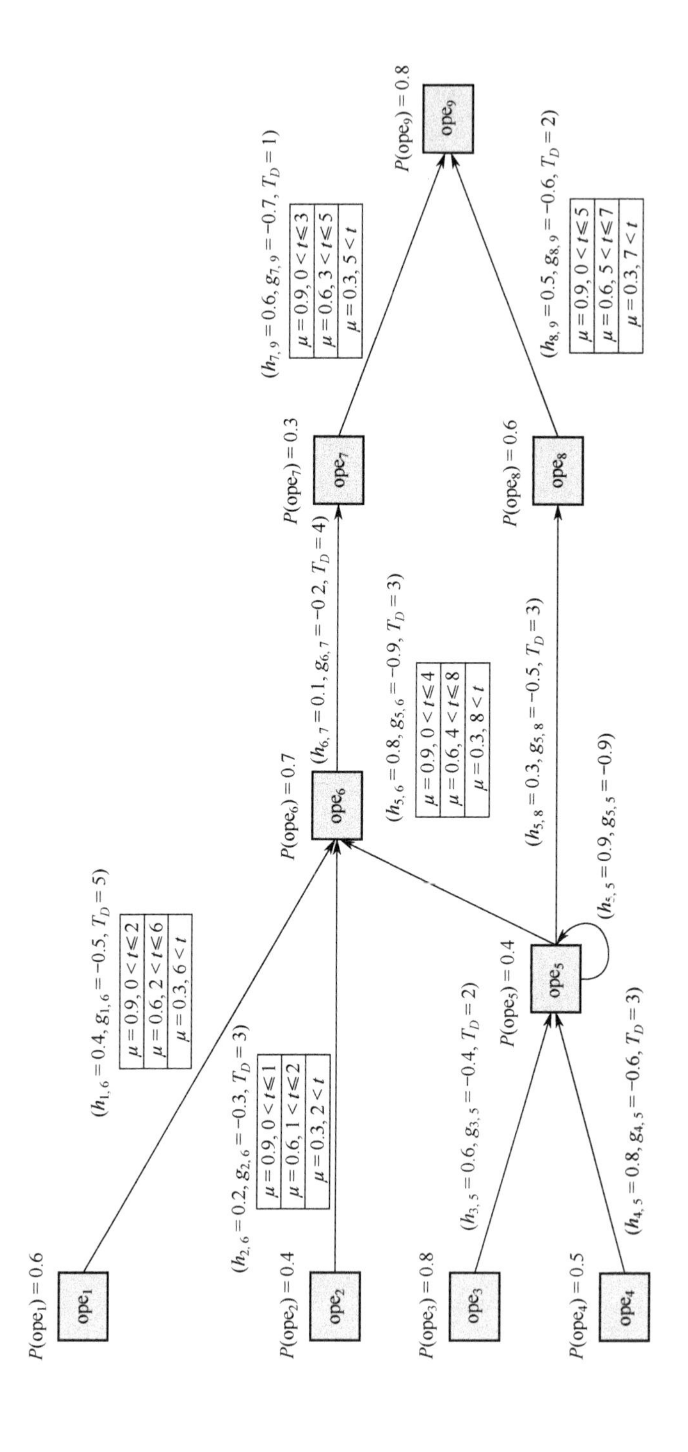

图5-26 基于ETIN的登岛作战任务效能评估模型

作战任务的ETIN网络结构表明了行动间的时序逻辑关系，即对应一定的行动方案。在此针对图5-26表示的这一行动方案假设两种不同的初始条件：条件1，T_1、T_2、T_3、T_4均在$t=0$时刻开始执行；条件2，T_1、T_2、T_3、T_4分别在$t=6$、$t=5$、$t=3$、$t=0$时刻开始执行，通过ETIN的概率传播机制，分别得到在两种不同初始条件下节点T_4-T_9更新后的完成概率，见表5-7。

表5-7　登岛作战任务的ETIN节点更新概率

作战行动编号	节点先验\基准概率	节点更新概率	
		条件1	条件2
ope_5	0.4	$P(T_{5\ t=2})=0.656$ $P(T_{5\ t=3})=0.64$	$P(T_{5\ t=3})=0.52$ $P(T_{5\ t=5})=0.5403$
ope_6	0.7	$P(T_{6\ t=6})=0.6242$	$P(T_{6\ t=11})=0.5569$
ope_7	0.3	$P(T_{7\ t=10})=0.3212$	$P(T_{7\ t=15})=0.3124$
ope_8	0.6	$P(T_{8\ t=6})=0.5688$	$P(T_{8\ t=8})=0.5269$
ope_9	0.8	$P(T_{9\ t=11})=0.471$	$P(T_{9\ t=16})=0.4589$

从表5-7可以看出，与先验/基准概率相比较，ope_5至ope_9的更新概率均发生了变化，这正是ETIN概率推理的结果。通过ETIN可分析作战过程中具体每一个作战行动的完成情况，对比两种初始条件下目标节点ope_9的效能，在条件1下为0.471比在条件2下的0.4589更高，故认为初始条件1更适合当前这一个行动方案。如果改变登岛作战任务的执行过程，设计新的行动方案，相应ETIN的网络结构发生变化，从而能够重新计算该任务的作战效能。由此可见，基于ETIN的作战任务效能计算方法既能够针对同一个行动方案在不同条件下评估作战任务的效能，又能够针对同一个作战任务的不同作战方案进行效能评估，进而全面衡量和比较各种方案，为上级指挥机关制订作战计划提供有力支持。

5.5　小　结

针对作战任务的特点，本章改进了赋时影响网，对基于扩展赋时影响网的作战任务效能评估问题进行了研究，包括以下几个方面的工作。

（1）根据基于效果作战的思想，对作战任务的执行过程进行了描述。作战任务由一系列相互关联的作战行动组成，通过行动之间效果的传递，作战任务从初始状态转变为最终状态。因此，需要建立从作战行动效能到作战任务效能的映射关系，即根据作战行动效能评估作战任务效能。

（2）为了有效评估作战任务效能，在分析基本影响网原理的基础上，对赋时影响网进行了改进。引入循环弧表达行动间异步时间约束，强度参数表达同步时间约束，通过统计仿真结果，确定 CAST 逻辑参数，降低人为指定参数的主观性，进而建立了扩展赋时影响网模型。

（3）从作战行动与网络节点、行动关系与有向弧、中间效果与 CAST 逻辑参数、行动持续时间与节点延迟、行动效能与节点概率 5 个方面分析了作战任务与扩展赋时影响网的对应关系，构建了基于扩展赋时影响网的作战任务效能评估模型。

（4）在构建基于 ETIN 的作战任务效能评估模型基础上，提出作战任务效能计算的 5 个步骤：作战任务分解、建立 ETIN 网络结构、计算基本作战行动效能、确定 ETIN 网络参数、基于 ETIN 不确定推理。重点分析了基于 ETIN 不确定推理中概率更新的基本过程及其实现算法，并通过示例验证了算法的可行性和有效性。

第6章　基于效能的作战计划制订和管理方法研究

信息化条件下的局部战争，是作战双方体系之间的对抗。现代战场空间更加透明化，参战力量更加多元化，作战区域更加模糊化。未来作战的主要特点是以作战任务为中心，将分布在不同地域的作战系统集成起来，进行实时联动，产生高效的体系作战能力，提高部队的整体作战效能。

有效的作战任务规划是部队完成各项作战任务的前提和保证，相反，作战任务的失败往往是由于不合理的作战计划造成的。作战计划通常是在时间与不确定性的双重压力下进行的，为了达到最终的目标状态，往往需要执行成百上千的作战行动。这些行动之间存在复杂的因果关系及时序逻辑约束关系，需要对资源进行合理的分配和排序，处理规划过程中的各类冲突，所有这些使得作战计划的制订成为一个十分复杂的过程。同时，对确定的战场态势如何制订精确的作战计划，对复杂多变的战场又如何能及时调整修改计划，动态调度协调各种资源使作战部队的战术行动协调一致，为作战人员提供自动实时的指导，这些都是作战计划管理需要解决的问题。

因此，本章在作战行动效能评估及作战任务效能计算的基础上，研究基于效能的作战计划制订和管理方法。针对作战任务规划中作战资源分配这一关键问题，将效能作为影响作战资源分配的重要因素，提出基于效能的作战资源分配模型及其求解算法。模型以缩短任务的总体完成时间和提高作战任务效能为目标，求解算法以多优先级动态列表为基础。分配的结果不仅能够确定任务完成的时间，而且能够给出任务完成的可能性。在此基础上，建立了基于工作流的作战计划管理系统，将作战计划的制订过程抽象成能用工作流解释的定义，实现作战计划编制、执行、管理的流程化、可控化，从而辅助作战计划制订人员对作战任务进行科学、合理的规划和组织。

6.1　基于效能的作战资源分配问题

作战任务规划主要包括3个方面的含义，即“需要完成哪些作战行动”

“什么时间去完成这些作战行动” 和 “由哪些作战单位来完成”。从这个意义上来说，作战任务规划实际可分为 3 个阶段，如图 6-1 所示。

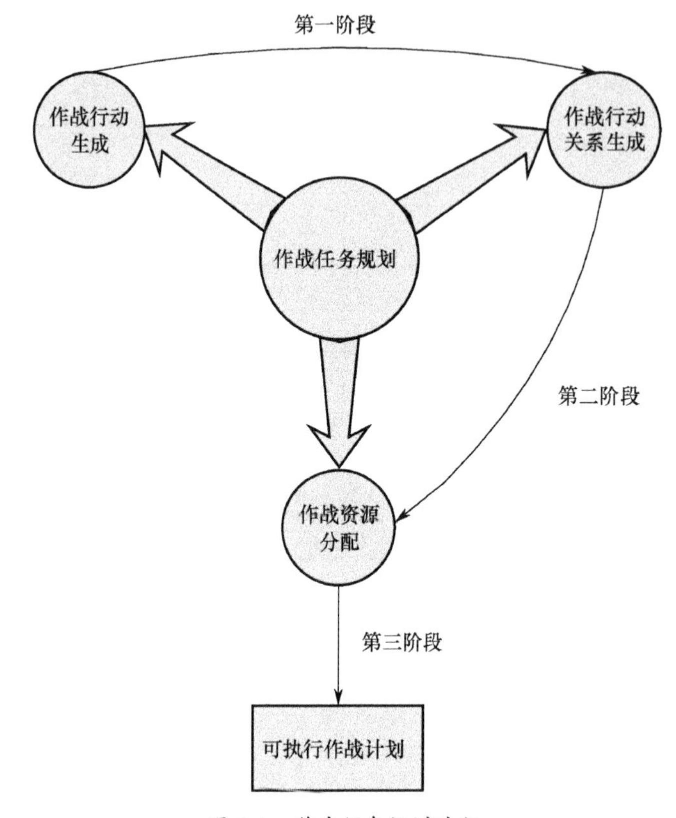

图 6-1　作战任务规划过程

1. 作战行动生成

根据作战任务的总体目标，将作战任务逐步分解为作战子任务和基本作战行动。通过这些基本作战行动的执行，能够完成作战任务的目标，其对应于问题“需要完成哪些作战行动”。作战行动生成的结果是一系列相关的基本作战行动，是一个包含部分排序的不完全作战计划。

2. 作战行动关系生成

根据作战任务的总体目标对基本作战行动进行合理组织，确定它们之间的时序逻辑关系，其对应于问题 “什么时间去完成这些作战行动”。作战行动关系生成的结果是一个包含完整作战行动关系的作战任务计划。

3. 作战资源分配

根据每一项基本作战行动子目标的作战需求，将有限的作战资源合理地分配给各项基本作战行动，以满足作战过程中的资源约束，其对应于问题“由哪些作战单位来完成”。作战资源分配的结果是一个在满足现有资源约束条件下的，并且能够完成最终作战目标的可执行作战计划。

作战任务规划问题的核心是作战任务和行动，关键是在一定的时间范围内将正确的作战资源分配给正确的作战行动，使作战行动与作战资源达到最佳匹配，从而更好地完成作战任务的总体目标。因此，本章重点研究作战任务规划中的第三个阶段，作战资源分配问题。

6.1.1　作战资源分配问题的一般描述

典型的作战资源分配问题可以描述为：给定一个任务图和可获取资源集合，通过行动的能力需求和资源的功能水平关联作战行动和资源，以此进行资源－行动间的分配，从而获取完成作战任务的最佳效益，如图 6-2 所示。

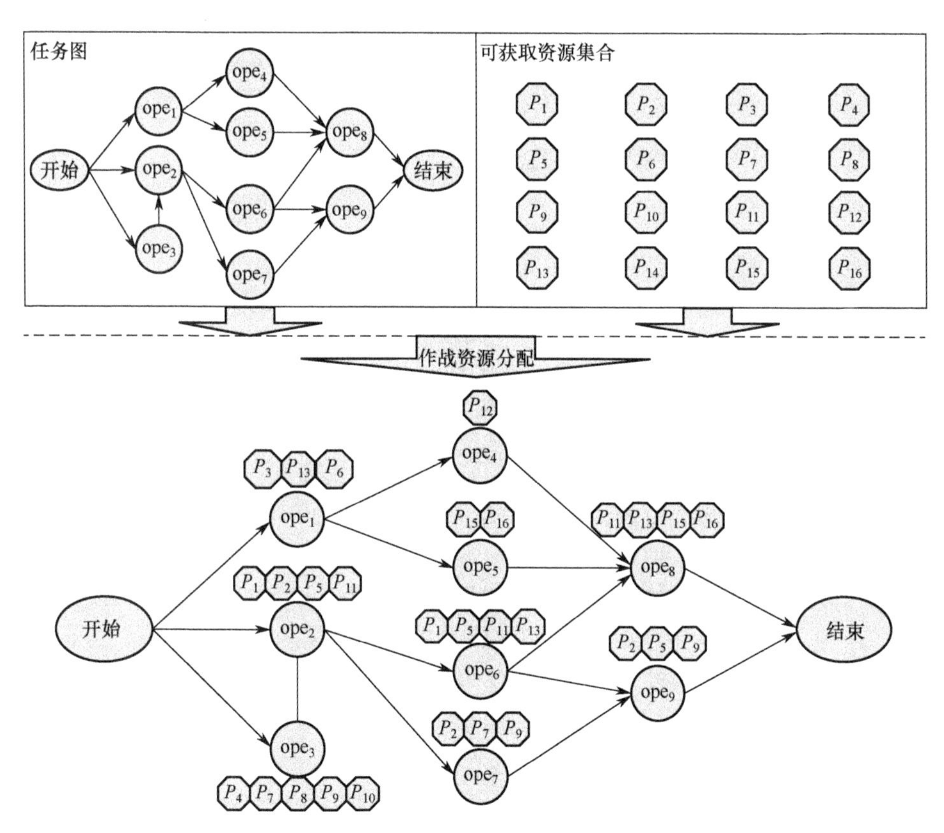

图 6-2　作战资源分配图

任务图确定了需要执行的基本作战行动（ope_1-ope_8），行动之间的时序逻辑关系、信息和数据流向，以及行动的时间和资源需求。可获取资源集合（P_1-P_{16}）具备处理作战行动的功能，自身拥有不同的基本属性。例如，运行的速度、火力打击能力、信息处理能力等。作战行动、作战资源和效益在不同具体问题上可能表现为不同的形式。例如，作战行动可能是战术机动、指挥控制、后勤保障等，作战资源可能是坦克、战机、舰艇等，而效益通常是对时间、低风险或高价值的追求等。作战资源分配问题大多是一个多目标优化的决策过程，目标的形式表现为不同的作战任务效益。

作战资源分配需要在指定的时间窗口给每个作战行动分配必要的作战资源。每个作战行动的执行都是在特定的具体地理位置，而且行动能够执行的前提条件是该行动所需的作战资源到达这一特定的位置。不同的资源往往具备不同的作战属性，每个资源又具有多种属性，因此通过将多个不同资源组合起来满足某项作战行动的能力需求。

作战资源分配这一问题经常出现在兵力规划、指派问题、车辆调度中，加之任务的目标、时间和资源能力约束，这类问题通常是 NP－完全问题，快速启发式方法被认为是解决该问题的一种有效途径。

6.1.2 基于效能的作战资源分配特点

一般地，在满足各种约束的前提下，作战资源分配的目标有两个：一是使任务执行的总体时间最小（Min Time）；二是提高资源的利用率（Max Utility）。这里资源利用率（Utility）是指对于每个作战行动 $ope_i(i=1,2,\cdots,n)$，其资源需求向量为 $OC_i=[oc_i^1,oc_i^2,\cdots,oc_i^k]$，其中，$oc_i^k$ 是行动 ope_i 执行时需要的第 k 类型资源的数量。相应的对于一个或一组资源 $Res_j(j=1,2,\cdots,m)$，其资源能力向量为 $RC_j=[rc_j^1,rc_j^2,\cdots,rc_j^k]$，其中 rc_j^k 是资源 Res_j 能够提供能力的大小。作战行动能够执行的前提是，对于 $\forall l(j=1,2,\cdots,k)$，均有 $oc_i^l\leqslant rc_j^l$，即资源提供的能力不小于行动的资源需求。若 $oc_i^l=rc_j^l$，则认为所有参与行动的资源均得到了充分利用。此时的资源利用率为 100%，这也是作战资源分配追求的目标。

与传统作战资源分配的目标不同，基于效能的作战资源分配目标除了使任务总体执行时间最小之外，在满足行动资源需求的前提下，追求作战任务效能最大化（Max Effectiveness），如图 6-3 所示。

图 6-3 中 e 表示不同资源完成不同行动的效能，根据行动和资源的特点，将合适的资源分配给不同的作战行动，最终获得完成目标节点的最大效能。基于效能的作战资源分配的内容丰富，特点鲜明，分配的动态性较强，具体而言

有以下 4 个方面的特点。

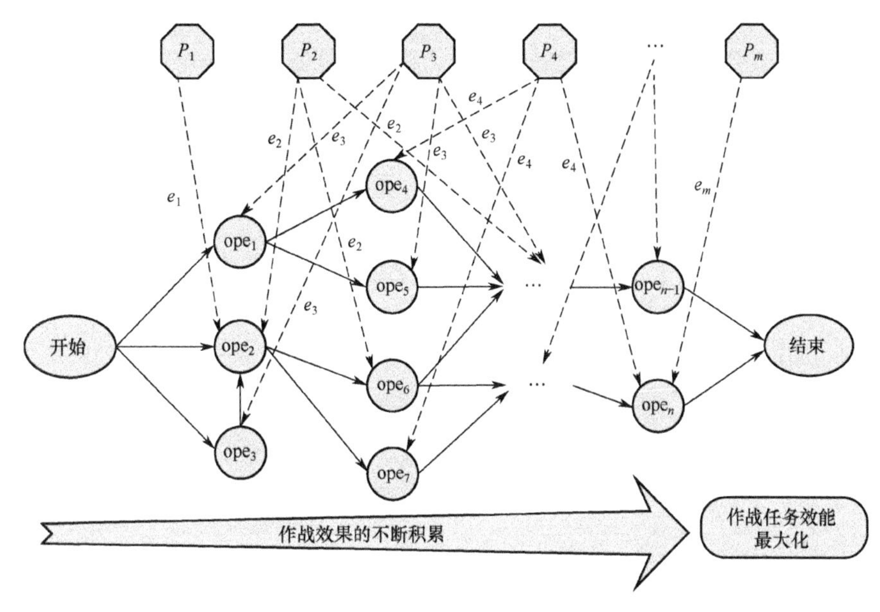

图 6-3　基于效能的作战资源分配图

1. 资源分配高度不确定

部队作战过程中充满各种不确定因素，而资源分配能否处理这种不确定性已经成为作战成败的关键因素之一。因此，要求作战资源分配需要具备良好的适应性和灵活性，即只有在战时或者临战前，资源分配才达成正确的行动方案，这就必须要突出无预案条件下作战方案的快速生成和紧急情况下方案的快速修正。

2. 资源分配高度复杂

资源分配的复杂性不仅体现在其繁重的计算和文书工作，更重要的是强调各军兵种和各层次作战系统间的互操作性，从而能够共同完成作战资源的分配。这就要求不同层次的资源分配要基于参战资源的属性数据，使资源分配能够充分利用多种资源信息，以确保高效地完成总体作战任务。同时，要求分配过程科学化，要面向作战目标设计，从而避免资源分配的混乱和重心的偏离。

3. 资源分配时间紧迫

由于作战资源分配是在充满不确定因素的战场环境下进行的，在有限的时间内制订出科学的资源分配方案已不可能单由人工完成。因此，资源分配应尽可能依靠自动化的辅助分配工具，利用计算机强大的信息存储、传输、处理能力，保证资源分配的准确、及时、高效。

4. 资源分配整体最优

基于效能的资源分配问题可认为是多军兵种兵力和资源的时空组合优化方法，它追求整体作战任务效能的最大化，而不是局部或几项作战行动效能的最优。因此，需要在确定诸军兵种各级协同关系的基础上，建立作战行动间的时序逻辑关系，明确各项行动对最终作战目标的影响，为实现资源分配的整体最优打下良好基础。

6.2 基于效能的作战资源分配模型构建

为了描述基于效能的作战资源分配问题，首先应建立作战行动和资源的数据模型，其次明确分配模型需要满足的约束条件，最后在定量描述基础上建立基于效能的作战资源分配模型。

6.2.1 作战行动及资源建模

1. 作战行动模型

作战行动模型主要包括 3 个部分，分别是作战行动集 Operation 、行动自身属性 OAtt 和行动间的时序逻辑关系 Rel 。Operation 是由总体作战任务分解得到的作战行动集合，$\text{Operation} = \{\text{ope}_1, \text{ope}_2, \cdots, \text{ope}_n\}$ ，n 是分解得到行动的数量。OAtt 是行动的基本属性，见表 6-1。Rel 表示作战行动间的依赖关系，如优先顺序、输入/输出关系等，通常采用关系图来描述，在此可利用第 4 章介绍的扩展赋时影响网来表达行动间的时序逻辑关系。

表 6-1　作战行动基本属性

变量	变量描述
$D(\text{ope}_i)$	行动 ope_i 的执行时间
(x_i, y_i)	执行行动 ope_i 的地理位置

注：$i = 1,2,\cdots,n$，n 为行动的数量。

2. 作战资源模型

作战资源不仅是作战平台的集合，而且还是功能的载体。为了便于表述，这里将人员和武器装备组成的作战资源统称为作战单元。由不同作战要素组成，能够独立遂行作战任务，如突击集团、纵深防守群，以及步兵旅、坦克营等。因此，作战资源模型包括作战单元集 Unit ，作战单元自身属性 UAtt 。Unit 是一次任务中所有可用的作战单元集合，$\text{Unit} = \{p_1, p_2, \cdots, p_m\}$ ，m 是作战单元的数量。UAtt 是作战单元的基本属性，见表 6-2。

表6-2　作战单元的基本属性

变量	变量描述
v_k	作战单元 p_k 的移动速度
(x_j, y_j)	执行行动 ope_i 时作战单元 p_j 的地理位置
$\mathbf{PE}_k = [\text{pe}_k^1, \text{pe}_k^2, \cdots, \text{pe}_k^l]$	$\mathbf{PE}_k$ 是作战单元 p_k 完成作战任务效能向量
pe_k^i	作战单元 p_k 完成第 i 项行动 ope_i 的效能

注：$k = 1,2,\cdots,m$，m 为作战单元的数量；l 表示 p_k 能够执行作战行动的种类。

作战单元具有执行不同作战行动的能力，在统计部队训练效果数据的基础上，利用第3章介绍的方法能够获得其完成不同作战行动的效能，从而构成作战单元完成作战任务的效能向量 $\mathbf{PE}_j$ 。由于作战单元自身的特点，在执行不同作战行动时完成的效果可能差别很大。例如，一个工兵分队，让其执行开辟通路这一作战行动的效能可能很高，然而让其去执行一个火力打击行动，则完成的效果就会较差，这些都可以通过向量 $\mathbf{PE}_j$ 来表达。

6.2.2　基于效能的作战资源分配假设条件

建模是问题内在本质抽象的过程，但是建模的过程不可能完整描述研究对象之间所有的内在关联。由于作战资源分配问题涉及的对象较多，行动与资源间的关系复杂，难以全面考虑问题的所有实际约束和细节，只能在合理假设的基础上，准确描述与研究相关的对象和细节。鉴于此，假设一项行动由某个作战单元执行，则需要满足如下基本条件。

（1）此行动的所有先序行动均已完成；

（2）分配到此行动的作战单元已到达指定地点；

（3）作战单元所提供的资源能力能够满足作战行动的资源需求；

（4）作战单元完成行动的效能值能够通过对训练效果数据的统计分析获得；

（5）一个作战单元每次只能执行一个作战行动；

（6）一个作战行动有且仅有一个作战单元完成。

6.2.3　基于效能的作战资源分配变量定义

资源分配模型中相关变量定义如下。

ope：作战行动。

p：作战单元。

n：需要处理的作战行动数量。

m：可用作战单元的数量。

s_i：行动 ope_i 的开始时间。

ope_0：虚拟行动，作为“开始”或者“结束”行动。

$D(ope_i)$：行动 ope_i 的执行时间。

v_k：作战单元 p_k 的移动速度。

$Dis(ope_i, ope_j)$：ope_i 与 ope_j 的空间距离。

pe_k^i：作战单元 p_k 完成第 i 项行动 ope_i 的效能。

Time′：总体作战任务完成时间的上界，一般设置为无穷大。

Time：总体作战任务的完成时间，即最后一项行动的完成时间。

a_{ij}：行动顺序变量，若 ope_i 必须在 ope_j 开始之前完成则 $a_{ij}=0$，否则 $a_{ij}=1$。

w_{ik}：作战单元–行动分配变量，当作战单元 p_k 执行 ope_i 时 $w_{ik}=1$，否则 $w_{ik}=0$。

x_{ijk}：作战单元转移变量，若 p_k 在完成 ope_i 后分配给 ope_j 则 $x_{ijk}=1$，否则 $x_{ijk}=0$。

作战单元 p_k 能够分配给作战行动 ope_i，仅当 p_k 在完成其他行动 ope_j（包括虚拟行动 ope_0）后直接执行 ope_i，然后 p_k 在完成 ope_i 后再去执行其他行动。p_k 在 ope_i 和 ope_j 之间的转移通过变量 x_{ijk} 描述。ope_i 仅能执行一次，记为 $x_{iik}=0$（$i=1,2,\cdots,n$），除非 p_k 在整个任务过程中都未被分配，此时 $x_{00k}=1$。

6.2.4 基于效能的作战资源分配约束分析

1. 决策变量约束

对任意作战单元 p_k（$1\leqslant k\leqslant m$）和作战行动 ope_i（$1\leqslant i\leqslant n$）之间如果存在分配关系 $w_{ik}=1$，则作战单元 p_k 仅有两种情况被分配去执行作战行动 ope_i：一种情况是 p_k 在在执行完行动 ope_j 后被分配去执行行动 ope_i，即转移变量 $x_{jik}=1$；另一种情况是 p_k 被首次使用，直接被分配去执行行动 ope_i，此时不存在转移变量，即 $x_{jik}=0$。由于虚拟行动 ope_0 是任务的起点，在分配初始，所有作战单元都在虚拟任务 ope_0 上，记为 $x_{iik}=x_{jjk}=0$，则作战单元–行动分配变量 w_{ik} 和作战单元在行动间的转移变量 x_{ijk} 存在以下关系

$$\sum_{j=0}^{n} x_{jik} - w_{ik} \leqslant 0 \quad i=1,2,\cdots,n;k=1,2,\cdots,m \tag{6-1}$$

由于被分配执行行动 ope_i 的作战单元 p_k 每次只能执行一个行动，在完成 ope_i 后只能被分配到某一个行动，即

$$\sum_{j=0}^{n} x_{ijk} - w_{ik} \leqslant 0 \quad i=1,2,\cdots,n;k=1,2,\cdots,m \tag{6-2}$$

由于每个作战行动有且仅有一个作战单元就可完成，即

$$\sum_{k=1}^{m} w_{ik} - 1 = 0 \quad i = 1,2,\cdots,n \tag{6-3}$$

2. 时间约束

由于行动间的顺序关系，行动 ope_j 开始执行必须在其所有父节点行动 $\mathrm{Pa}(\mathrm{ope}_j)$ 完成之后。因此，存在顺序关系的任务处理时间具有以下约束

$$\begin{cases} s_j - s_i \geqslant D(\mathrm{ope}_i) \\ a_{ij} = 0 \\ i,j = 1,2,\cdots,n \end{cases} \tag{6-4}$$

作战单元 $p_k(1 \leqslant k \leqslant m)$ 在完成行动 ope_i 后被分配执行行动 ope_j 时，由于行动的执行需要处理此行动的作战单元到达行动执行的位置。显然作战单元不可能瞬间到达，从 ope_i 的位置移动到 ope_j 的位置需要一定的时间。因此，作战单元 p_k 开始执行 ope_j 的开始时间 s_j 不小于 p_k 从 ope_i 的区域到达 ope_j 的时间，即

$$s_i + D(\mathrm{ope}_i) + x_{ijk} \cdot \frac{\mathrm{Dis}(\mathrm{ope}_i, \mathrm{ope}_j)}{v_k} \leqslant s_j \tag{6-5}$$

式中：$\mathrm{Dis}(\mathrm{ope}_i, \mathrm{ope}_j) = \sqrt{(x_j - x_i)^2 + (y_j - y_i)^2}$。

由于 Time是总体任务完成时间的上界，不妨记为 $\mathrm{Time}' \geqslant s_i + D(\mathrm{ope}_i)$，则作战单元在行动分配以及行动间顺序关系上的约束可描述为

$$s_i - s_j + x_{ijk} \cdot \left(\frac{\mathrm{Dis}(\mathrm{ope}_i, \mathrm{ope}_j)}{v_k} + a_{ij} \cdot \mathrm{Time}'\right) \leqslant a_{ij} \cdot \mathrm{Time}' - D(\mathrm{ope}_i) \tag{6-6}$$

当行动 ope_i 和行动 ope_j 之间存在顺序关系 $a_{ij} = 0$，且 $x_{ijk} = 1$ 时，式（6-6）就描述了作战单元在分配过程中的等待行为，即式（6-5）；当 $a_{ij} = 1$，且 $x_{ijk} = 0$ 时，式（6-6）可以进一步表示为

$$s_i + D(\mathrm{ope}_i) - a_{ij} \cdot \mathrm{Time}' \leqslant s_j \quad i,j = 1,2,\cdots,n \quad k = 1,2,\cdots,m \tag{6-7}$$

如果设置 Time' 的初始值较大，式（6-7）显然是成立的。

由于总体作战任务的完成时间，即最后一项行动的完成时间为 Time，则在执行任意行动时间约束下，式（6-8）总是成立

$$s_i + D(\mathrm{ope}_i) \leqslant \mathrm{Time} \leqslant \mathrm{Time}' \quad i = 1,2,\cdots,n \tag{6-8}$$

6.2.5　基于效能的作战资源分配求解目标

分配问题的实质是根据作战单元自身的属性及其完成不同作战行动的效能，以及行动顺序关系和对资源的需求进行规划，从而产生最佳的分配方案。因此，作战资源分配问题是建立在行动时序逻辑关系的基础上，对作战单元进行合理的配置与部署，其目标是把合适的作战单元部署到正确的地点去执行正确的行动。所以，基于效能的作战资源分配模型的求解目标包括以下两个方面。

（1）时间目标，就是在满足模型各种约束的条件下，使执行任务的总体时间最短，即 minTime 。

（2）效能目标，就是在作战单元完成多项作战行动的基础上，使整体作战任务完成的可能性最大，即 max $pe_k^{n'}$（$k = 1,2,\cdots,m$），$pe_k^{n'}$表示作战单元p_k执行任务目标行动 ope_n 的后验概率。$pe_k^{n'}$可以通过结合作战任务效能计算方法获得。首先由作战资源分配算法将合适的作战单元分配给正确的行动，根据作战单元完成行动的效能值，确定各项行动的先验或基准概率 pe_k^i（$i = 1,2,\cdots,n;k = 1,2,\cdots,m$）；然后基于扩展赋时影响网进行不确定性推理，最终计算得到在当前作战资源分配条件下，目标行动 ope_n 最大的效能值 $pe_k^{n'}$。

6.2.6 基于效能的作战资源分配模型

在对作战行动及资源建模的基础上，对模型进行了合理假设，定义了相关变量，对模型的约束条件进行了分析，明确了模型的求解目标。综上所述，基于效能的作战资源分配模型可以表示为

$$\min \text{Time}$$
$$\max pe_k^{n'}$$

$$\begin{cases}\sum_{j=0}^{n} x_{jik} - w_{ik} \leqslant 0 \\ \sum_{j=0}^{n} x_{ijk} - w_{ik} \leqslant 0 \\ \sum_{k=1}^{m} w_{ik} - 1 = 0 \\ s_i - s_j + x_{ijk} \cdot \left(\dfrac{\text{Dis}(ope_i, ope_j)}{v_k} + a_{ij} \cdot \text{Time}'\right) \leqslant a_{ij} \cdot \text{Time}' - D(ope_i) \\ \text{Dis}(ope_i, ope_j) = \sqrt{(x_j - x_i)^2 + (y_j - y_i)^2} \\ s_i + D(ope_i) \leqslant \text{Time} \\ 0 \leqslant \text{Time} \leqslant \text{Time}' \\ s_i \geqslant 0 \\ x_{ijk}, w_{ik}, a_{ij} \in \{0,1\} \\ pe_k^i \in [0,1] \\ i,j = 1,2,\cdots,n \\ k = 1,2,\cdots,m \end{cases} \quad (6\text{-}9)$$

式（6-9）描述的是一类混元线性规划问题，式中包含了多个连续及二元变量。这类问题的求解已被证明为NP-hard问题，涉及一种众所周知的问题集：当可使用的作战单元仅有一个时，式（6-9）的求解是一个“货郎担”问题（Traveling Selesman Problem，TSP）及其扩展，如优先关系TSP、时序依赖TSP等；当所有作战单元能够执行所有行动时，其求解问题简化为一个伴随优先关系的多TSP问题；若行动的执行可在不同平台之间适时分解，此问题就是车辆路径规划问题及其扩展；若作战单元在不同行动位置之间的移动时间远小于对行动的处理时间，则此问题就是一个伴随优先次序约束的多处理器调度问题。

6.3　基于效能的作战资源分配模型求解算法

对式（6-9）的求解可以转化为通过一定的算法搜索作战单元-行动分配的状态空间，从而达到求解模型的目的。

首先定义状态 φ，即

$$\varphi=(M,\mathrm{Lope}_1,\mathrm{Lope}_2,\cdots,\mathrm{Lope}_m,f_1,f_2,\cdots,f_m)$$

式中：M 为当前所选行动集，即 $M\in\{\mathrm{ope}_1,\mathrm{ope}_2,\cdots,\mathrm{ope}_n\}$；$\mathrm{Lope}_i$ 是作战单元 p_i 最后执行的行动，$\mathrm{Lope}_i\in\{0\}\cup M$；$f_i$ 是作战单元 p_i 执行最后行动的完成时间。

从而，可将该资源分配问题与 φ 的一个状态空间 Φ 联系起来，每个状态 φ 代表了一种 m 个作战单元与行动集 M 间的可行分配方案，每个状态能够描述三个问题：一是行动集 M；二是行动集 M 中由各作战单元最后执行的行动集 $\mathrm{Lope}_1,\mathrm{Lope}_2,\cdots,\mathrm{Lope}_m$；三是与 $\mathrm{Lope}_1,\mathrm{Lope}_2,\cdots,\mathrm{Lope}_m$ 对应的作战单元执行最后行动的完成时间 $f_1,f_2,\cdots,f_m$。

那么一次完整的作战单元-行动分配的状态空间 Φ 可分解为

$$\Phi=\Phi_1\cup\Phi_2\cup\cdots\cup\Phi_n$$

式中：$\Phi_i=\{\varphi=(M,\mathrm{Lope}_1,\mathrm{Lope}_2,\cdots,\mathrm{Lope}_m,f_1,f_2,\cdots,f_m)\in\Phi,|M|=i\}$。由此式（6-9）可简化为

$$\begin{cases}\min\limits_{(M,\mathrm{Lope}_1,\mathrm{Lope}_2,\cdots,\mathrm{Lope}_m,f_1,f_2,\cdots,f_m)}\max\{f_1,f_2,\cdots,f_m\}\\ \mathrm{maxpe}_{\mathrm{k}}^{\mathrm{n}'}\end{cases}\tag{6-10}$$

状态 φ 从状态空间 Φ_i 到 Φ_{i+1} 的转换方式如下：对于 $\forall\varphi=(M,\mathrm{Lope}_1,\mathrm{Lope}_2,\cdots,\mathrm{Lope}_m,f_1,f_2,\cdots,f_m)\in\Phi_i$，选择行动集 M 中没有的行动分配到 M'，要求该行动的所有父节点行动都已在 M 中，否则不能被选入分配。若选入分配的行动为 ope_j 且由作战单元 p_j 来执行，记 ope_j 的父节点行动集为 $\mathrm{Pa}(\mathrm{ope}_j)$，

则新的状态 $\varphi' = (M', \text{Lope}'_1, \text{Lope}'_2, \cdots, \text{Lope}'_m, f'_1, f'_2, \cdots, f'_m)$ 可表示为

$$\begin{cases} M' = M \cup \{\text{ope}_j\} \\ \text{Lope}'_i = \begin{cases} \text{Lope}_i & p_i \neq p_j \\ \text{ope}_j & p_i = p_j \end{cases} \\ f'_i = \begin{cases} f_j & p_i \neq p_j \\ D(\text{ope}_j) + \max\left(\max\limits_{z \in \text{pa}(\text{ope}_j)} f, f_i + \dfrac{\text{Dis}(\text{Lope}_i, \text{ope}_j)}{v_i}\right) & p_i = p_j \end{cases} \end{cases} \tag{6-11}$$

式中：$\max\limits_{z \in \text{pa}(\text{ope}_j)} f$ 表示行动 ope_j 父节点行动中的最大完成时间；$f_i + \dfrac{\text{Dis}(\text{Lope}_i, \text{ope}_j)}{v_i}$ 表示行动 ope_j 的执行必须等到作战单元 p_i 从其执行的最后一个行动 Lope_i 到达当前行动 ope_j 的位置时才能开始。

求解式（6-9）的问题就转化为对式（6-11）状态空间 Φ 的搜索问题，从而通过行动完成时间检查和上限超越检查，减小对 Φ 的搜索空间，寻找最优解。对 Φ 的搜索是一类复杂的调度搜索问题，对该问题的求解，文献［169］采用了多维动态列表规划算法（Multidimensional Dynamic List Scheduling，MDLS），其基本流程如图 6-4 所示。

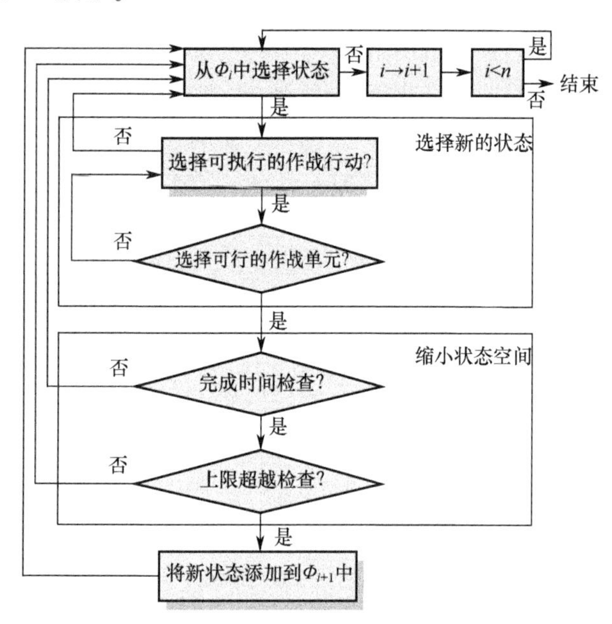

图 6-4　MDLS 算法基本流程图

MDLS 算法是动态规划的广度优先搜索过程，图 6-4 所示过程包括了选择

行动、选择作战单元以及行动的完成时间检查和时间更新，直到所有行动执行完毕算法结束。该算法的输出有：分配变量 w_{ik} 、转移变量 x_{ijk} 、行动 ope_i 的开始时间 s_i 和总体任务的完成时间 Time 。这 4 个变量描述了作战单元 - 行动的分配方案，即由哪个作战单元在什么时间去执行何种行动。

6.3.1　基于效能的作战资源分配算法原理

MDLS 算法虽然求解了作战任务计划问题，但是其求解的搜索过程来看，并没有找到最佳的作战资源 - 行动的分配方案，概括而言有以下不足。

（1）算法搜索策略的关键步骤为：第一步根据行动优先权选择作战行动；第二步选择执行该行动的作战单元。这一搜索策略导致行动对作战单元的选择是局部的，没有考虑后续行动的需求，而仅考虑了当前可分配行动集中各行动对作战单元的需求及执行时间的节省。

（2）在选择作战单元的过程中，MDLS 设定的作战单元的优先权函数存在不合理性。优先权函数将作战单元到达作战行动区域的时间和作战单元对行动需求的满足程度两个截然不同的概念进行求积或求和。由于时间概念和能力概念在量纲和取值范围上都不同，显然作战单元的优先权函数是不合理的。

（3）MDLS 算法仅是以总体任务完成时间最短为规划目标，将作战单元分配到各行动，并未考虑这些作战单元完成行动效果的好坏，即作战行动的效能，继而也就无法预测总体任务完成的可能性，不能为上级指挥机关提供作战任务效能这一重要决策信息，从而不利于制订更加科学合理的作战计划。

基于以上 MDLS 算法中存在的不足，以改进的多优先级动态列表规划（MultiPRI List Dynamic Scheduling，MPLDS）算法为基础，结合扩展赋时影响网理论，提出一种基于效能的作战资源分配模型求解算法。

该算法是用来解决基于效能的作战资源最优分配问题的，实质上它是一组算法的组合，可以划分为以下 4 个主要部分。

（1）分配可行性检查：分配可行性检查是对从当前作战单元 - 行动执行状态中选择的行动进行可分配性检查。当某一行动的所有父节点行动都已执行完毕时，该行动便进入可分配作战单元行动所处的行动集 READY 中。

（2）根据优先级选择行动：在行动集 READY 中选择行动优先级最高的行动首先对其分配作战单元，需要依据一定的算法来确定行动的优先级，一般包括关键路径法（Critical Path Algorithm，CP）、层次分配算法（Level Assignment Algorithm，LA）和加权长度算法（Weighted Length Algorithm，WL）。这些算法在确定行动优先级时起到了重要作用，但是它们没有考虑效能因素对行动优先级的影响。本书提出分配模型的目标中除了最小化任务完成时间外，另一个目标就是最大化任务效能。因此，在确定行动优先级方面必须考虑效能因素。以完成目标节点行动最大化效能为目的，基于 ETIN 进行作战行动的关键性分析，根据各行动对目标节点行动效能的影响程度，计算行动的优先级，且优先级一旦确定，就不再改变。

（3）选择执行行动的最佳作战单元：由于 MDLS 算法的搜索策略对作战单元的选择是局部的，只考虑行动自身需求，所以利用改进的 MPLDS 算法，通过行动选择作战单元、作战单元选择行动和消除两者间冲突的搜索策略，综合这 3 个方面给出作战单元的优先级，从而提高算法的全局寻优能力。

（4）作战任务效能计算：在确定各行动优先级顺序及其最佳执行作战单元的基础上，能够得到作战单元－行动分配表，即由什么作战单元在何时去执行什么行动，从而根据第 5 章介绍的 ETIN 进行作战行动效能的不确定性推理，得到在当前资源分配方案下，作战任务的最大效能。

基于效能的作战资源分配模型求解算法流程如图 6-5 所示。

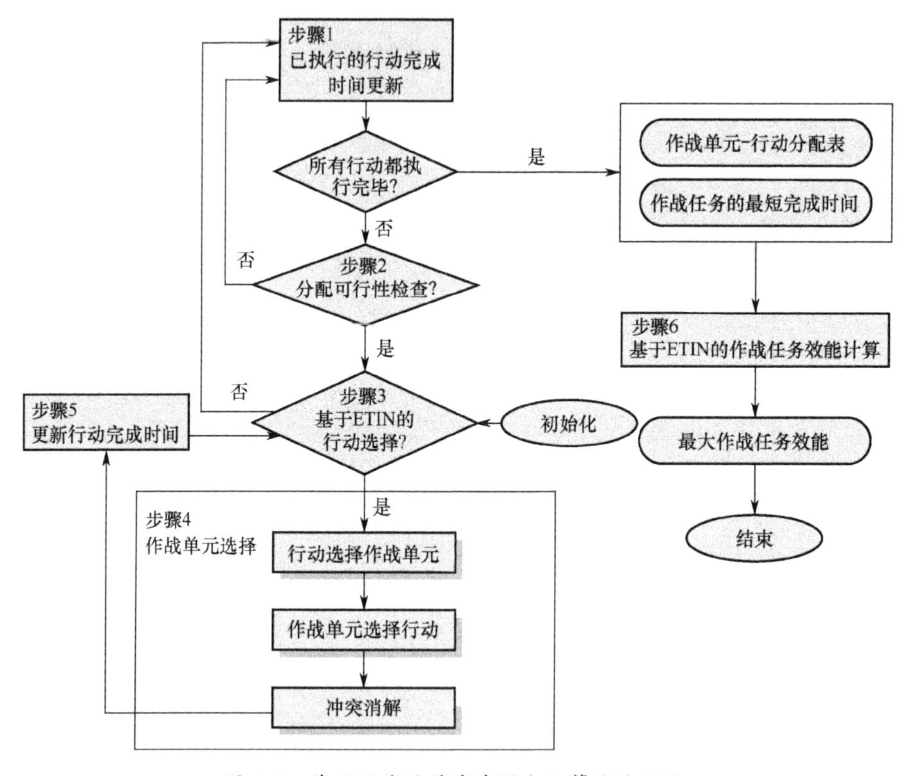

图 6-5　基于效能的作战资源分配算法流程图

图 6-5 所示算法流程主要包括已执行的行动完成时间更新、分配可行性检

查、基于ETIN的作战行动选择、作战单元选择、更新行动完成时间、基于ETIN的作战任务效能计算6个步骤。该算法的输出包括：分配变量 w_{ik} 、转移变量 x_{ijk} 、行动 ope_i 的开始时间 s_i 、总体作战任务的完成时间Time及其完成的最大作战效能 $pe_k^{n'}$ 。前3个变量描述了作战单元－行动的分配方案，即由哪个作战单元在什么时间去执行什么行动，后两个变量能够为指挥决策提供重要信息。

1. 基于效能的作战资源分配算法流程描述

图6-5中算法各阶段任务的具体描述如下。

初始化：FREE中包含全部作战单元，READY中为所有根节点行动组成的集合。

步骤1：已执行的行动完成时间更新（初始阶段跳过步骤1，直接进入步骤3）。

如果已分配的行动数量与行动总数相同，则进入步骤6；否则从当前正在执行的行动中选取最快要完成的行动，进行时间更新操作。将该行动的状态设为已完成，则将其所调用的作战单元添加到FREE中，并更新该作战单元对应的最后执行行动的完成时间，再分析此行动的所有子节点行动。若某一项子节点行动的所有父节点行动均已完成，则将此行动添加到READY中。

步骤2：分配可行性检查。

若READY中所有行动都无法由FREE中可调用作战单元完成，即作战单元对应执行READY中所有作战行动的效能值为零，则返回步骤1，否则进入步骤3；

步骤3：基于ETIN的作战行动选择。

若READY为空集，则返回步骤1；否则在READY中选取优先级最高的行动 ope_i ，行动优先级根据ETIN的关键性分析确定，对目标完成效能影响越大的行动其优先级越高。然后将已选择的行动 ope_i 从READY中删除，进入步骤4。

步骤4：作战单元选择。

首先确定行动选择作战单元的优先级；然后计算作战单元选择行动的优先级；最后将这两个优先级进行冲突消解，得到可调用作战单元的优先级，选择最高优先级的作战单元执行行动 ope_i 。

步骤5：更新行动完成时间。

将选择的作战单元从FREE中删除，将其状态设为调用，并将该作战单元的最后执行的行动设为 ope_i ，更新其最后执行行动的开始时间和完成时间。

步骤6：基于ETIN的作战任务效能计算。

根据作战单元－行动分配表，可知作战单元完成各项行动的效能，据此能够确定ETIN中各行动节点的先验或基准概率，从而利用ETIN进行作战行动效能的不确定性推理，得到完成总体任务的最大效能。

2. 基于效能的作战资源分配算法实现

基于效能的作战资源分配算法实现主要包括算法的相关变量定义和实现的伪代码描述两个方面。

（1）算法实现的变量定义。

P_m：全部作战单元集合，$m=|P_m|$；

OPE_n：全部作战行动集合，$n=|\mathrm{OPE}_n|$；

READY：当前可执行的行动集合；

FREE：当前执行行动可调用的作战单元集；

CHILD(i)：行动 ope_i 的子节点行动集合；

PARENT(i)：行动 ope_i 的父节点行动集合；

nCHILD(i)：行动 ope_i 的子节点行动数量，$n\mathrm{CHILD}(i)=|\mathrm{CHILD}(i)|$；

nPARENT(i)：行动 ope_i 的父节点行动数量，$n\mathrm{PARENT}(i)=|\mathrm{PARENT}(i)|$；

M：当前已经执行完毕的行动集；

$l(k)$：表示作战单元 p_k 最后执行的行动，如果作战单元还没有执行任何行动，则 $l(k)=0$；

$p(i)$：表示分配执行行动 ope_i 的作战单元；

pri(i)：行动 ope_i 优先级；

$\mathrm{FT}=[f_1,f_2,\cdots,f_M]$：表示当前需要执行的各个行动的完成时间；

$F_G(f)$：表示完成时间为 f 的行动集；

$G(F_G)$：表示执行行动集 F_G 的所有作战单元；

B_i：在 ETIN 中对应行动 ope_i 节点的先验或基准概率。

（2）算法实现的伪代码描述。算法实现的具体伪代码描述见表 6-3。

表 6-3　基于效能的作战资源分配伪代码描述

算法：	基于效能的作战资源分配算法
输入：	P_m，OPE_n
输出：	w_{ik}，x_{ijk}，s_i，Time，$\mathrm{pe}_k^{n'}$
初始化：	$\mathrm{FREE}=P_m$； $n\mathrm{CHILD}(i)=\lvert\mathrm{CHILD}(i)\rvert$； $n\mathrm{PARENT}(i)=\lvert\mathrm{PARENT}(i)\rvert$； $\lvert M\rvert=0$； $\mathrm{READY}=\{i\mid n\mathrm{PARENT}(i)=0\}$； $\mathrm{FT}=\{0\}$；

续表

算法：	基于效能的作战资源分配算法
	for each $ope_i \in OPE_n$ 　$pri(i) = CalETIN(i)$; end for　　　　　　　　//利用 ETIN 计算每个作战行动的优先级

步骤 1	已执行的行动完成时间更新
	Pick　$f = \min_{f_t \in FT}(f_t)$;
	$FT \leftarrow FT \setminus \{f\}$;
	$FREE \leftarrow FREE \cup G(F_G(f))$;
	for each $ope_i \in F_G(f)$
	　　for each $ope_j \in CHILD(i)$
	　　　　$nPARENT(j) \leftarrow nPARENT(j) - 1$;
	　　　　if $nPARENT(j) = 0$
	　　　　　$READY \leftarrow READY \cup \{ope_j\}$;
	　　　　end if
	　　end for
	end for
	if $\vert M \vert == n$
	　OutPut (w_{ik} , x_{ijk} , s_i , Time) ;
	　GO TO 步骤 6;
	else
	　GO TO 步骤 2;
	end if

步骤 2	分配可行性检查
	if $\forall\ ope_i \in READY\ \exists h: \sum_{p_k \in FREE} pe_k^i > 0$
	　GO TO 步骤 3;
	else
	　GO TO 步骤 1;
	end if

步骤 3	基于 ETIN 的作战行动选择 if $READY = \varnothing$ 　GO TO 步骤 1; end if $READY' = \{ope_i \in READY \mid \sum_{p_k \in FREE} pe_k^i > 0\}$; Select $i = \arg\max_{ope_j \in READY'}\{pri(j)\}$;　　//选出当前可执行作战行动中优先级最大的行动

续表

算法：	基于效能的作战资源分配算法	
	READY ← READY \ {ope_i}；	
步骤4	作战单元选择	
	$p(i)=\varnothing$；	
	$q=\arg\max_{p_k\in FREE}\{PR(ptr_{ik},prt_{ki})\}$；	//利用改进 MPLDS 计算 FREE 中作战单元的优先级，并找出优先级最大的作战单元
	FREE ← FREE \ {p_q}；	
	$p(i)\leftarrow\{p_q\}$；	
	$B_i=pe_q^i$；	
步骤5	更新行动完成时间	
	$s_i=\max(f,s_{Lope_q}+D(Lope_q)+\dfrac{Dis(Lope_q,ope_i)}{v_q})$；	// $Lope_q$ 表示作战单元 p_q 当前时间最后执行的行动
	$f=s_i+D(i)$；	
	if $f\notin$ FT	
	FT ← FT ∪ {f}；	
	end if	
	$M\leftarrow M\cup\{ope_i\}$；	
	GO To 步骤3；	
步骤6	基于 ETIN 的作战任务效能计算	
	$pe_k^{n'}$ = ETIN_ Inference(w_{ik},x_{ijk},s_i)；	ETIN 进行不确定推理，得到完成任务的最大效能
	OutPut ($pe_k^{n'}$)；	

如表6-3所示，基于效能的作战资源分配算法关键有两个步骤：一是初始化中，利用ETIN计算每个作战行动的优先级，从而在步骤3中能够选出当前优先级最高的作战行动；二是步骤4，利用改进MPLDS计算FREE中作战单元的优先级，即根据作战单元优先级选择执行该行动的最佳作战单元。下面详细分析这两个步骤的具体原理。

6.3.2 基于ETIN的作战行动优先级确定

当某一项作战行动的所有父节点行动都已完成时，便将该行动添加到可分配作战单元的行动集READY中，在READY中选取优先级最高的行动并对其进行作战单元的分配。

由于以往在确定作战行动优先级时采用的关键路径法、层次分配法、加权长度法等均没有考虑效能因素的影响，而基于效能的作战资源分配模型的一个求解目标是获得作战任务的最大效能。因此，为了体现效能因素对行动优先级高低的影响，这里提出基于 ETIN 的作战行动优先级确定方法。通过 ETIN 对各个行动进行关键性分析，从而确定行动的优先级。

对作战过程进行关键行动分析是一个复杂的影响关系推理过程。为了完成一个共同的作战目标，各个行动间存在一定的时序逻辑关系。行动之间相互影响，父节点行动的结果往往是其子节点行动开始的条件。这样行动的效果就在作战过程中不断地积累并传递，最终体现在目标节点行动完成的效果上。对作战过程进行关键行动分析，就是从所关注的目标行动反向追踪，找到影响目标发生的主要因素——关键行动。

在整个作战任务过程中，各作战行动对目标节点行动的影响并不相同，可利用行动关键性分析确定各行动对目标的影响程度，即行动的优先级 pt 。

对于某一个具体作战任务，记其目标行动为 ope_g ，其余所有作战行动集为 A ，行动优先级确定的算法步骤见表 6-4。

表 6-4　行动优先级确定算法

$\forall\ \mathrm{ope}_a \in A$	从行动集 A 中取任意行动 ope_a
步骤 1　Set $P(\mathrm{ope}_a) = 0$ CalETIN(ope_g)	假设行动 ope_a 的先验概率 $P(\mathrm{ope}_a) = 0$
步骤 2　Set $P_1 = P(\mathrm{ope}_g)$	计算目标行动 ope_g 的完成概率
步骤 3　Set $P(a) = 1$ CalETIN(ope_g)	假设行动 ope_a 的先验概率 $P(\mathrm{ope}_a) = 1$
步骤 4　Set $P_2 = P(\mathrm{ope}_g)$	计算目标行动 ope_g 的完成概率
步骤 5　Set Diff(ope_a) = $P_2 - P_1$	计算 ope_a 在两次不同先验概率条件下的完成概率差
步骤 6　Set pt(ope_a) = Diff(ope_a)	得到行动 ope_a 的优先级 pt(ope_a)
步骤 7　Restore $P(\mathrm{ope}_a)$	恢复行动 ope_a 的先验概率

对于行动集 A 中的每一项行动 ope_a ：在计算时首先假设其不发生，即先验概率设为 0，计算目标行动的完成概率；然后再假设其发生，即先验概率设为 1，计算目标行动的完成概率，通过两次的差值确定选择行动 ope_a 的优先级 pt 。显然，pt 越大，表示 ope_a 对目标行动的完成概率影响越大，相应的 ope_a 在行动集 A 中的优先级也就越高。

那么对于 READY 集中的作战行动而言，就可以根据按照上述方法确定的行动优先级 pt ，选择 pt 最大的行动首先为其分配作战单元。

例如，行动集 A 中包含 6 个行动，即 $A=\{ope_a, ope_b, ope_c, ope_d, ope_e, ope_f\}$，目标行动为 ope_g，在确定这些行动时序逻辑关系的基础上建立其 ETIN 模型，通过表 6-4 中的行动优先级算法，计算结果见表 6-5。

表 6-5　行动优先级计算结果

作战行动	P_1	P_2	pt
ope_a	0.043	0.995	0.952
ope_b	0.854	0.855	0.001
ope_c	0.607	0.642	0.035
ope_d	0.929	0.945	0.016
ope_e	0.468	0.551	0.083
ope_f	0.124	0.382	0.258

从表 6-5 最后一列行动的优先级 pt 来看，行动 $ope_a, ope_b, ope_c, ope_d, ope_e, ope_f$ 对目标行动影响重要程度的排序为 $ope_a > ope_f > ope_e > ope_c > ope_d > ope_b$。假设在作战过程中的某一时刻，可分配作战单元的 READY 集中包含 3 个行动，即 READY $=\{ope_b, ope_c, ope_f\}$，则根据它们优先级的顺序，首先应选择行动 ope_f 进行作战单元的分配。

6.3.3　基于改进 MPLDS 的作战单元优先级确定

由于已有的 MDLS 算法和 MPLDS 算法在选择作战单元时都存在一定的不足，因此本书对 MPLDS 算法的改进主要体现在作战单元选择时 3 种优先级的定义上。根据行动选择作战单元优先级和作战单元选择行动优先级最终确定作战单元的优先级，从而选择最佳的作战单元执行作战行动。

1. 行动选择作战单元优先级

行动选择作战单元一方面要最小化行动的完成时间；另一方面要最大化行动的作战效能。最小化行动完成时间要求选择能在短时间内到达行动区域执行行动的作战单元，而最大化行动作战效能要求选择完成行动效果最好的作战单元，其关系如图 6-6 所示。

因此，为了度量作战单元到达任务区域时间和对行动的满足程度，分别定义行动 ope_i 选择作战单元的时间优先级系数 ptr_t 和效能优先级系数 ptr_e：

$$ptr_t(i,k) = s_{Lope_k} + D(Lope_k) + \frac{Dis(Lope_k, ope_i)}{v_k} \tag{6-12}$$

$$ptr_e(i,k) = pe_k^i \tag{6-13}$$

式（6-12）表示作战单元执行最后一项行动的开始时间加上该行动的执行

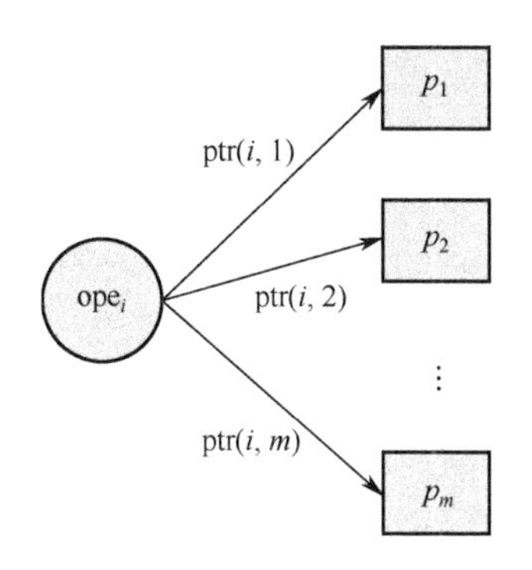

图 6-6　行动选择作战单元优先级关系图

时间加上作战单元到执行下一项行动区域的移动时间越短，该作战单元被选择的优先权越高，即 $\mathrm{ptr_t}$ 越小，作战单元的优先级越高。

式（6-13）表明效能优先级系数 $\mathrm{ptr_e}$ 就是各作战单元完成该行动的效能值，效能值越大表明行动成功的概率越大，即 $\mathrm{ptr_e}$ 越大，作战单元优先级越高。

在选择作战单元的过程中存在两种类型的作战单元：第一类是已经被分配执行过行动的作战单元，记为 p_a ；第二类是还没有参与过分配的作战单元，记为 p_b 。令 ope_a 表示已经执行的行动，ope_b 表示未执行的行动，对于作战单元 p_k ，如果 $p_k \in p_a$ ，则 $p_k \in G(\mathrm{ope}_a)$ ，$G(\mathrm{ope}_a)$ 为执行行动所分配的作战单元集。

在分配过程中，p_a 需要在不同行动区域移动，即要从最后执行的行动所在区域移动到待执行行动所在区域；而 p_b 是可以随时调用的作战单元，不需要从一个行动区域移动到另一个行动区域。因此，对于 p_b 中的作战单元可认为其时间优先级系数 $\mathrm{ptr_t} = 0$ ，优先级只需计算其效能优先级系数 $\mathrm{ptr_e}$ ，即如果 $p_k \in p_b$ ，则 $\mathrm{ptr_t} = 0$ 。

时间优先级系数 $\mathrm{ptr_t}$ 和效能优先级系数 $\mathrm{ptr_e}$ 属于两个不同的概念，不能简单地将其进行加权运算。因此，为了取得两者的折合点，对于 $\mathrm{ptr_t}$ 按照升序，对于 $\mathrm{ptr_e}$ 按照降序分别建立行动选择作战单元的优先级列表，即作战单元到达行动区域的时间越早则其在时间优先级列表中越靠前，作战单元完成行动的效能值越大则其在效能优先级列表中越靠前。

设 x，y 分别为作战单元时间优先级系数 $\mathrm{ptr_t}$ 和效能优先级系数 $\mathrm{ptr_e}$ 在各自序列中的排序，根据具体情况设定参数 α 来调整时间、效能因素在整个作战单元优先级计算中的比重。由此得到以下行动选择行动优先级 $\mathrm{ptr}(i,k)$ 的计算公式：

$$\begin{cases}\text{ptr}_a(i,k) = \dfrac{(x+y-1)\times(x+y-2)}{2} + x \\ \text{ptr}_b(i,k) = \dfrac{(x+y-1)\times(x+y-2)}{2} + y \\ \text{ptr}(i,k) = \alpha \times \text{ptr}_a(i,k) + (1-\alpha)\times \text{ptr}_b(i,k) \\ 0 \leqslant \alpha \leqslant 1 \end{cases} \tag{6-14}$$

显然，$\text{ptr}(i,k)$ 的值越小，则作战单元的优先级越高。

2. 作战单元选择行动优先级

为了避免 MDLS 算法中作战单元选择的局部最优，MPLDS 算法设计了作战单元自主选择行动的优先级。通过它计算某个作战单元对所有未执行行动的优先级，配合行动选择作战单元优先级完成作战单元的选择。这一优先级的提出使得算法的结果具有全局优化的特点，其关系如图 6-7 所示。

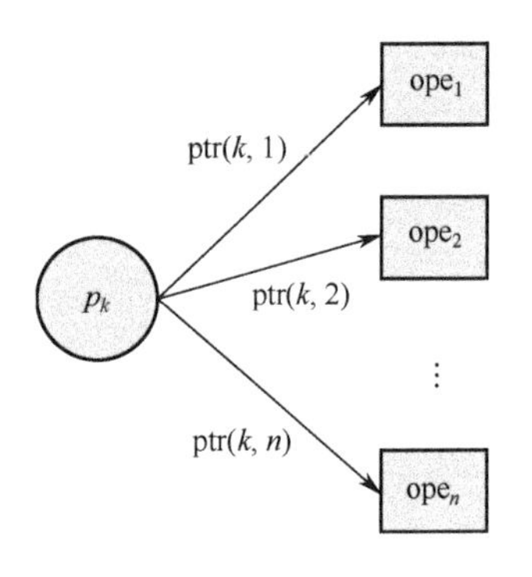

图 6-7　作战单元选择行动优先级关系图

作战单元自主选择行动其实也要综合考虑单元本身最适合且移动到指定行动时间最早的那个行动。在作战单元－行动分配过程中，行动总是存在 3 种状态：①已经完成的行动；②正在执行的行动；③还未执行的行动。

设这 3 种状态的行动集合分别为 COMPLETE、PROCESSING 和 UNPROCESS，则作战单元选择行动的优先级 $\text{prt}(k,i)$ 是当前处于空闲状态针对第三种行动的作战单元，即还未执行的行动集 UNPROCESS 中的行动进行优先级排序。

同理，为了从时间因素和效能因素两个方面综合考虑作战单元对行动的选择，定义作战单元选择行动的时间优先级系数 ptr_t 和效能优先级系数 ptr_e：

$$\text{prt}_\text{t}(k,i) = \frac{\text{Dis}(\text{Lope}_k, \text{ope}_i)}{v_k}, \quad \text{ope}_i \in \text{UNPROCESS} \tag{6-15}$$

$$\text{prt}_\text{e}(k,i) = \text{pe}_k^i, \quad \text{ope}_i \in \text{UNPROCESS} \tag{6-16}$$

对于某一个作战单元 p_k 而言，其对行动选择的时间优先级系数仅需要考虑 p_k 当前正在执行的行动区域到达等待执行的各行动的距离。若 p_k 之前未参与过分配，则认为该作战单元与当前等待执行行动所在区域的距离为零。而效能优先级系数也只需考虑 p_k 完成 UNPROCESS 中各行动的效能值。

设 u,v 分别为行动时间优先系数 $\mathrm{ptr_t}$ 和效能优先级系数 $\mathrm{ptr_e}$ 在优先级列表中的排序，与行动选择作战单元优先权计算的改进相同，作战单元选择行动的优先级 $\mathrm{prt}(k,i)$ 计算公式为

$$\begin{cases}\mathrm{prt}_a(k,i) = \dfrac{(u+v-1)\times(u+v-2)}{2}+u \\ \mathrm{prt}_b(k,i) = \dfrac{(u+v-1)\times(u+v-2)}{2}+v \\ \mathrm{prt}(k,i) = \alpha\times\mathrm{prt}_a(k,i)+(1-\alpha)\times\mathrm{prt}_b(k,i) \\ 0\leqslant\alpha\leqslant 1\end{cases} \tag{6-17}$$

显然，$\mathrm{prt}(k,i)$ 的值越小，则行动的优先级越高。由于 $\mathrm{ptr_t}$ 和 $\mathrm{prt_t}$ 均是从时间因素出发的优先级系数，而 $\mathrm{ptr_e}$ 和 $\mathrm{prt_e}$ 都是从效能因素考虑的优先级系数。因此，在行动选择作战单元优先级和作战单元选择行动优先级的计算中使用了相同的参数 α 。

3. 优先级冲突消解——可调用的作战单元优先级

因为行动对作战单元的选择是局部的，仅考虑行动自身的需求，而作战单元对行动的选择具有全局性，是对所有未执行行动的优选，所以行动与作战单元的相互选择通常会产生冲突，即 ptr 和 prt 是不一致的，解决二者之间的冲突是作战单元－行动最佳分配的关键问题，如图 6-8 所示。

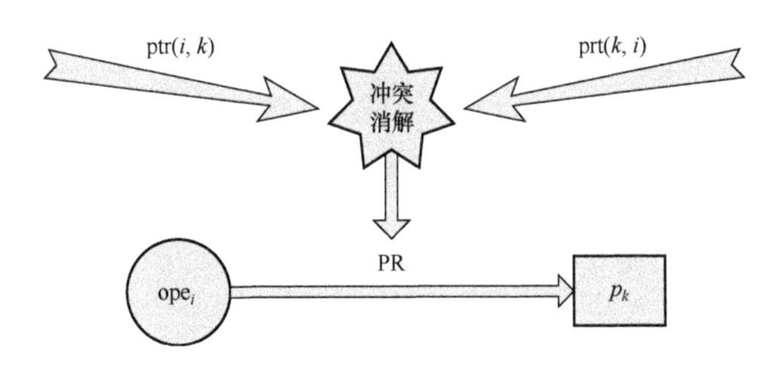

图 6-8　可调用作战单元优先级

$\mathrm{ptr}(i,k)$ 和 $\mathrm{prt}(k,i)$ 间的关系存在以下 3 种情况。

(1) 作战单元－行动的最佳匹配：仅当作战单元 p_k 被行动 ope_i 选择的优先级系数 $\text{ptr}(i,k)$ 与行动 ope_i 被作战单元 p_k 选择的优先级系数 $\text{prt}(k,i)$ 同时最小时。

(2) 作战单元－行动的互补选择：$\text{ptr}(i,k)$ 有较高的优先级，而 $\text{prt}(k,i)$ 的优先级较低，或者反之。

(3) 作战单元－行动的最坏选择：$\text{ptr}(i,k)$ 和 $\text{prt}(k,i)$ 的优先级都较低。

可知两者发生冲突的是第二种情况，因此确定了第二种情况下的行动选择作战单元的优先级就解决了两种选择冲突的问题。

在行动选择作战单元的过程中，期望选择 $\text{ptr}(i,k)$ 优先级高而且同时也期望 $\text{prt}(k,i)$ 的优先级也尽量高。记行动对作战单元选择的优先级列表为 trList，作战单元对行动选择的优先级列表为 rtList，Str 和 Srt 分别为 $\text{ptr}(i,k)$ 和 $\text{prt}(k,i)$ 在 trList、rtList 中的排序，即 PR 为两中选择优先级的协调，称为可调用作战单元的优先级。因此得到改进的 PR 计算公式：

$$\begin{cases} \text{PR}(\text{ptr},\text{prt}) = \dfrac{(\text{Str}+\text{Srt}-1)\times(\text{Str}+\text{Srt}-2)}{2}+\text{Str} \\ \text{PR}(\text{prt},\text{ptr}) = \dfrac{(\text{Str}+\text{Srt}-1)\times(\text{Str}+\text{Srt}-2)}{2}+\text{Srt} \\ \text{PR} = \beta\times\text{PR}(\text{ptr},\text{prt})+(1-\beta)\times\text{PR}(\text{prt},\text{ptr}) \\ 0\leqslant\beta\leqslant 1 \end{cases} \tag{6-18}$$

最终使用 PR 计算行动对作战单元的选择优先级，即 PR 越小，作战单元的优先级越高。β 表示行动选择作战单元优先级在最终作战单元优先级中的比重，它代表了在进行作战资源－行动分配时的一种主观倾向性，即偏向局部最优还是全局优。

优先级冲突消解策略，实质最终确定了可调用作战单元中每个单元的优先级，优先级最高的作战单元被选择执行当前的行动。

6.3.4 基于效能的作战资源分配算例分析

通过前面的介绍与讨论，已经明确了基于效能的作战资源分配方法具体原理和实现过程，本节结合一个想定案例实现该算法的应用，验证算法的可行性和有效性。

验证实验案例的军事想定背景为某次联合战役作战。根据此次战役的作战目标，通过作战任务分解，得到 18 个基本作战行动以及行动间的时序逻辑关系，基本作战行动的参数见表 6-6。

表6-6　基本作战行动参数

基本作战行动 ope_i	执行时间 $D(ope_i)$	行动执行位置 (x,y)
ope_1	30	(70, 15)
ope_2	30	(64, 75)
ope_3	10	(15, 40)
ope_4	10	(30, 95)
ope_5	10	(28, 73)
ope_6	10	(24, 60)
ope_7	10	(28, 73)
ope_8	10	(28, 83)
ope_9	10	(28, 73)
ope_{10}	10	(28, 83)
ope_{11}	10	(25, 45)
ope_{12}	10	(5, 95)
ope_{13}	20	(25, 45)
ope_{14}	20	(5, 95)
ope_{15}	15	(25, 45)
ope_{16}	15	(5, 95)
ope_{17}	10	(5, 60)
ope_{18}	20	(5, 60)

在本想定中的各项作战行动仅具有资源需求向量，而没有作战效能这一属性，所以我们通过下式（6-19）定义作战行动效能：

$$pe_k^i = \frac{\sum_{l=1}^{L} \min\{R_{il}, r_{kl}\}}{\sum_{l=1}^{L} R_{il}} \tag{6-19}$$

式中：R_{il} 表示完成作战行动 ope_i 所需要资源 l 的数量（$l = 1,2,\cdots,L$，L 表示资源种类的数量）；r_{kl} 表示对于作战单元 p_k，其可用资源 l 的数量。

因此，通过式（6-19）可以计算出各个作战单元完成每一项作战行动的效能。在本案例中，为了便于说明我们取10个可调用的作战单元，其相应的参数见表6-7。

结合仿真模拟与军事专家两种方式确定作战行动间的CAST逻辑参数 h、g，对于具有同步时间约束关系的行动，指定强度参数 μ，从而构建起此次作战任务的ETIN网络结构，如图6-9所示。

表 6-7 作战单元参数

p_i	行动效能 pe_k^i																		速度 v_k
	ope_1	ope_2	ope_3	ope_4	ope_5	ope_6	ope_7	ope_8	ope_9	ope_{10}	ope_{11}	ope_{12}	ope_{13}	ope_{14}	ope_{15}	ope_{16}	ope_{17}	ope_{18}	
p_1	0. 81	0. 81	1	1	0. 77	0. 39	0. 39	0. 39	1	1	0. 33	0. 33	0. 36	0. 36	0. 41	0. 41	0. 42	0. 32	2
p_2	0. 5	0. 5	1	1	0. 31	0. 19	0. 19	0. 19	0. 4	0. 4	0. 2	0. 2	0. 21	0. 21	0. 21	0. 21	0. 75	0. 14	2
p_3	0. 72	0. 72	1	1	0. 77	0. 31	0. 31	0. 31	0. 4	0. 4	0. 13	0. 13	0. 14	0. 14	0. 32	0. 32	0. 17	0. 32	2
p_4	0	0	0	0	0. 38	0. 06	0. 06	0. 06	0	0	0. 33	0. 33	0	0	0. 06	0. 06	0	0. 25	4
p_5	0. 09	0. 09	0	0	0. 08	0. 39	0. 39	0. 39	0. 6	0. 6	0. 2	0. 2	0. 14	0. 14	0. 41	0. 41	0. 17	0. 46	1. 35
p_6	0. 53	0. 53	1	1	0. 38	0. 44	0. 44	0. 44	0. 6	0. 6	0. 73	0. 73	0. 71	0. 71	0. 47	0. 47	0. 83	0. 25	4
p_7	0. 38	0. 38	1	1	0. 31	0. 5	0. 5	0. 5	0. 9	0. 9	0. 6	0. 6	0. 57	0. 57	0. 53	0. 53	0. 67	0. 39	4
p_8	0. 75	0. 75	0. 33	0. 33	0. 08	0. 06	0. 06	0. 06	0. 7	0. 7	0. 07	0. 07	0. 14	0. 14	0. 06	0. 06	0. 08	0. 04	4. 5
p_9	0. 31	0. 31	0	0	0. 08	0. 33	0. 33	0. 33	0	0	0. 07	0. 07	0. 71	0. 71	0. 35	0. 35	0. 83	0. 82	2. 5
p_{10}	0. 09	0. 09	0	0	0. 08	0. 39	0. 39	0. 39	0. 6	0. 6	0. 2	0. 2	0. 14	0. 14	0. 41	0. 41	0. 17	0. 46	1. 35

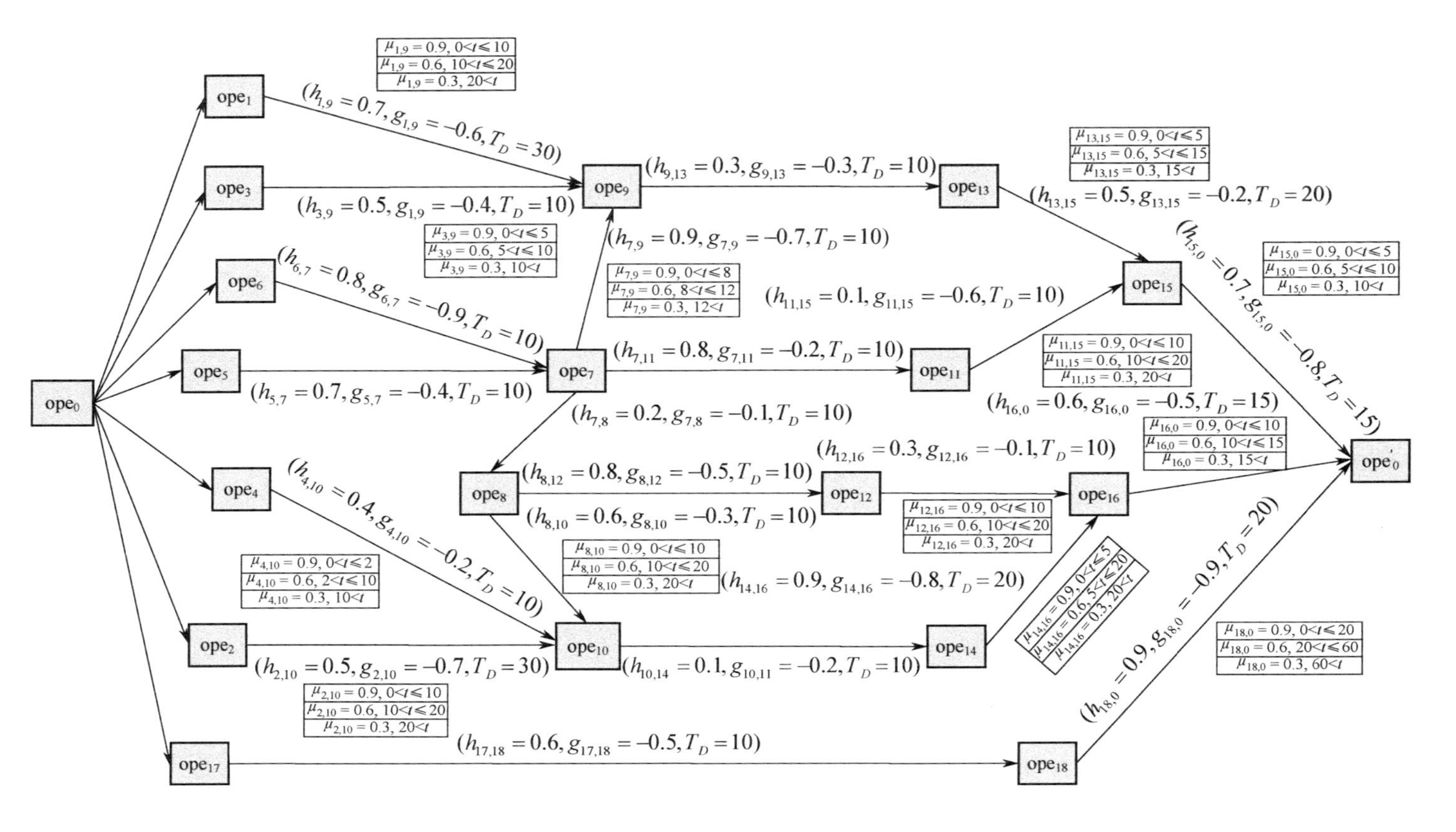

图6-9　作战任务的ETIN网络结构

图6-9 中 ope_0 是开始节点，ope_0' 是结束节点，其先验概率设为 $P(ope_0') = 0.5$ 。根据作战任务的 ETIN 网络结构，通过表 5-4 行动优先级确定算法可得 18 个基本行动对任务目标影响重要程度的排序为

$$ope_{18} > ope_{15} > ope_{16} > ope_{17} > ope_{14} > ope_{11} > ope_{13} > ope_7 > ope_{10} > ope_6 > ope_2 > ope_8 > ope_9 > ope_{12} > ope_4 > ope_1 > ope_5 > ope_3$$

结合基本作战行动参数以及作战单元参数，采用基于效能的作战资源分配模型求解算法，当选择参数 $\alpha = \beta = 1$ 时，经计算可以得出表6-8 和图6-10 中所示的作战单元 - 行动分配结果。

表 6-8　$\alpha = \beta = 1$ 时的分配结果

基本作战行动 ope_i	开始时间 s_i	执行时间 $D(ope_i)$	完成时间 f_i	分配的作战单元 p_k
ope_1	0	30	30	p_8
ope_2	0	30	30	p_2
ope_3	0	10	10	p_7
ope_4	0	10	10	p_6
ope_5	0	10	10	p_4
ope_6	0	10	10	p_3
ope_7	10	10	20	p_{10}
ope_8	20	10	30	p_9
ope_9	30	10	40	p_3
ope_{10}	30	10	40	p_6
ope_{11}	20	10	30	p_7
ope_{12}	30	10	40	p_4
ope_{13}	40	20	60	p_1
ope_{14}	40.38	20	60.38	p_9
ope_{15}	60	15	75	p_7
ope_{16}	60.38	15	75.38	p_3
ope_{17}	0	10	10	p_1
ope_{18}	10	20	30	p_5

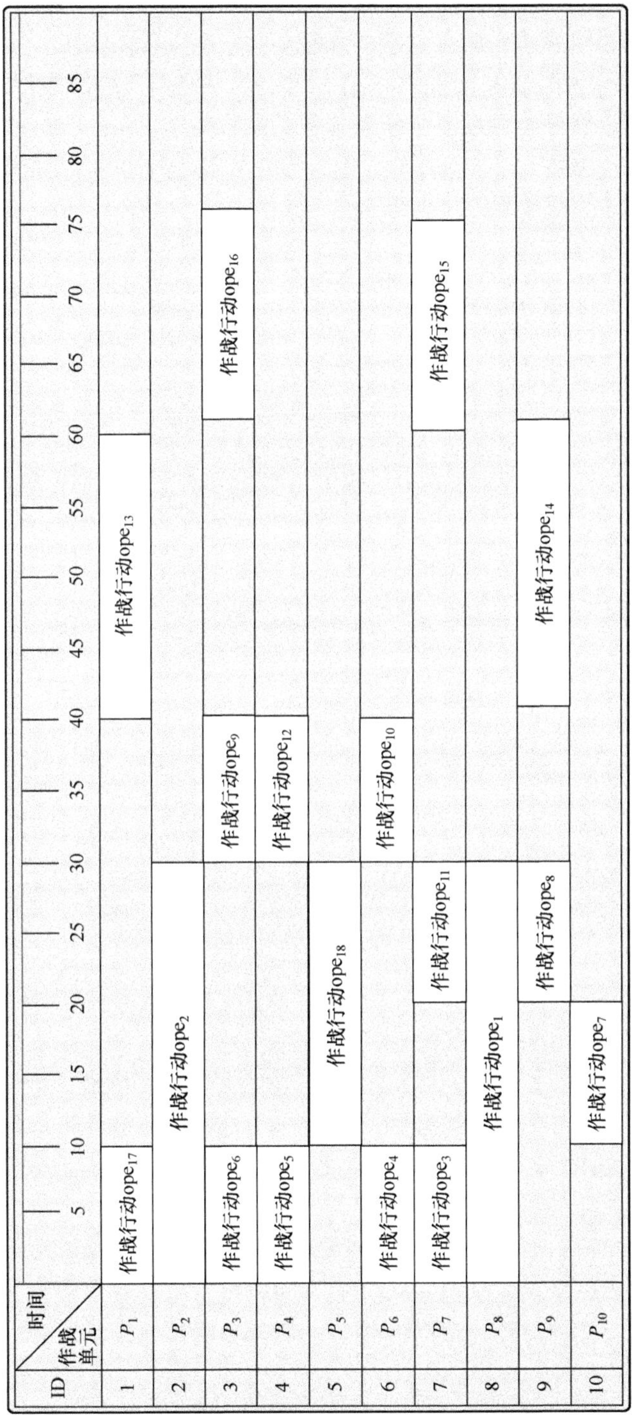

ID
作战单元
时间
5
10
15
20
25
30
35
40
45
50
55
60
65
70
75
80
85
1 P1 作战行动ope17 作战行动ope13
2 P2 作战行动ope2
3 P3 作战行动ope6 作战行动ope9 作战行动ope16
4 P4 作战行动ope5 作战行动ope12
5 P5 作战行动ope18
6 P6 作战行动ope4 作战行动ope10
7 P7 作战行动ope3 作战行动ope11 作战行动ope15
8 P8 作战行动ope1
9 P9 作战行动ope8 作战行动ope14
10 P10 作战行动ope7

图6-10　$\alpha=\beta=1$时的分配结果甘特图

由此可以得到任务的总体完成时间为75.38。根据作战单元与行动的分配关系，即由指定的作战单元执行一定的作战行动，可以确定ETIN中各行动节点的先验或基准概率B_i，从而能够利用ETIN进行作战行动效能的不确定性推理，得到在当前资源分配方案下，作战任务的最大效能为pe = 0.4406。

当算法中选择参数$\alpha = \beta = 0$时，经计算可以得出表6-9和图6-11中所示的作战单元-行动分配结果。

表6-9　$\alpha = \beta = 0$时的分配结果

基本作战行动 ope_i	开始时间 s_i	执行时间 $D(ope_i)$	完成时间 f_i	分配的作战单元 p_k
ope_1	0	30	30	p_3
ope_2	0	30	30	p_2
ope_3	0	10	10	p_7
ope_4	0	10	10	p_1
ope_5	0	10	10	p_4
ope_6	0	10	10	p_5
ope_7	10	10	20	p_{10}
ope_8	20	10	30	p_4
ope_9	30	10	40	p_8
ope_{10}	30	10	40	p_1
ope_{11}	20	10	30	p_6
ope_{12}	36.49	10	46.49	p_4
ope_{13}	47.04	20	67.04	p_6
ope_{14}	52.97	20	72.97	p_1
ope_{15}	67.04	15	82.04	p_5
ope_{16}	72.97	15	87.97	p_1
ope_{17}	0	10	10	p_6
ope_{18}	10	20	30	p_9

由此可以得到任务的总体完成时间为87.97。根据作战单元与行动的分配关系，可以确定ETIN中各行动节点的先验或基准概率B_i，从而得到在当前资源分配方案下，作战任务的最大效能为pe = 0.574。

从计算的结果可以看出，当α的值设置较大时，表明在计算优先级时比较注重时间目标，此时得到的任务总体完成时间较短，但任务的效能较低；当α的值设置较小时，任务总体完成时间较长，而任务的效能较高。

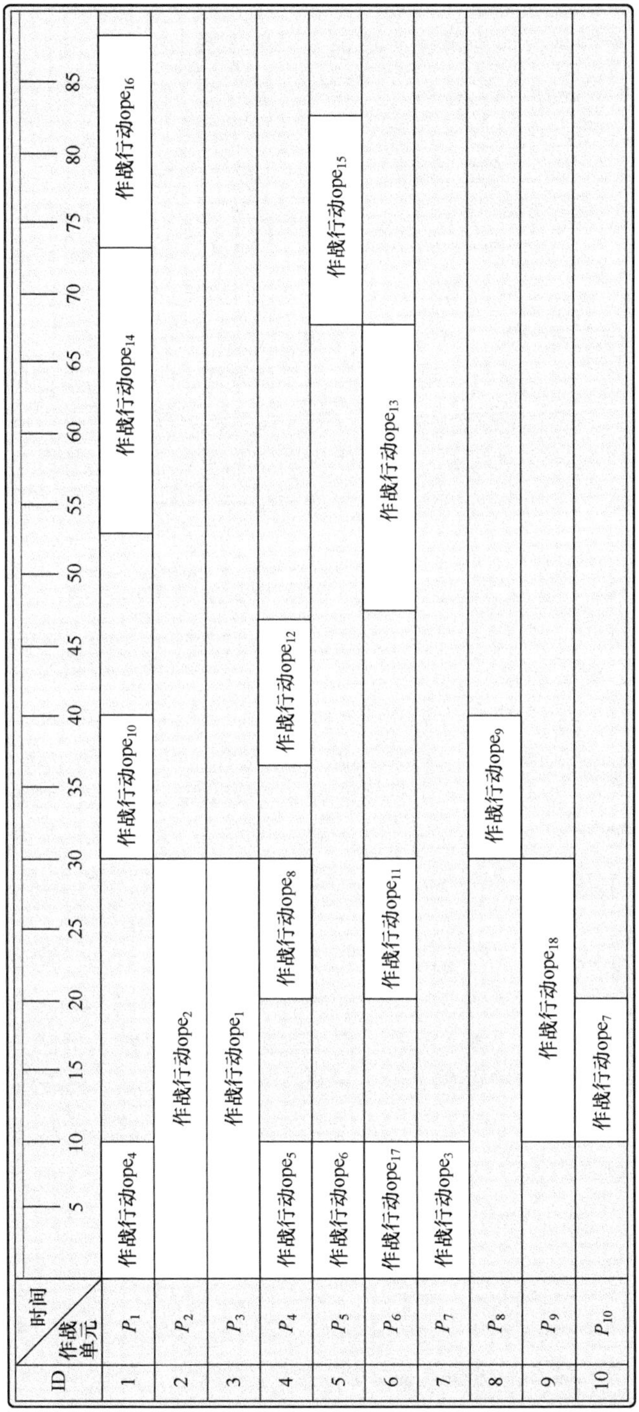

ID | 作战单元 | 时间: 5 10 15 20 25 30 35 40 45 50 55 60 65 70 75 80 85

1 P_1 作战行动ope_4 作战行动ope_{10} 作战行动ope_{14} 作战行动ope_{16}

2 P_2 作战行动ope_2

3 P_3 作战行动ope_1

4 P_4 作战行动ope_5 作战行动ope_8 作战行动ope_{12}

5 P_5 作战行动ope_6 作战行动ope_{15}

6 P_6 作战行动ope_{17} 作战行动ope_{11} 作战行动ope_{13}

7 P_7 作战行动ope_3

8 P_8 作战行动ope_9

9 P_9 作战行动ope_{18}

10 P_{10} 作战行动ope_7

图6-11　$\alpha=\beta=0$时的分配结果甘特图

当β值较大时，表明算法在计算优先级时比较短视，偏向行动对作战单元的选择，注重当前行动对作战单元的需求，导致作战单元在不同行动间移动较为频繁；当β值较小时，表明算法在计算优先级时更加注重全局，偏向作战单元对行动的选择，考虑作战单元在整个任务过程中的使用，即后序行动对作战单元的需求，此时作战单元在不同行动间移动的情况较少。正如上述计算结果，当$\beta = 1$时，有6个作战单元p_1、p_3、p_4、p_6、p_7、p_9需要在不同行动间移动；而当$\beta=0$时，仅有4个作战单元p_1、p_4、p_5、p_6需要在不同行动间移动。

基于效能的作战资源分配相对于已有的MPLDS和MDLS算法，其意义在于引入了分配时的主观因素，增加了作战单元和行动分配时的灵活性；同时，引入任务效能这一目标，分配时考虑了各个作战单元完成不同行动的效能，从而能够进一步基于ETIN计算总体作战任务的效能，分配的结果不仅能够确定何种作战单元在什么时间执行哪一项作战行动，而且能够给出任务的总体完成时间以及完成整体作战任务的可能性，为指挥机关提供决策支持。

6.4 基于工作流的作战计划管理系统

现代战场上，随着信息技术的广泛运用，部队作战效能的提高，作战过程的流动性、突然性、隐蔽性和对抗性进一步增强，作战已经突破以往“按部就班”的计划模式，按照“即时精确”的方向发展。例如，在伊拉克战争中，美军担负空袭任务的飞机有2/3在起飞前并未分配到具体任务，而是在空中待命，得到即时计划下的任务，进行临时作战，只有1/3的飞机是按照预先制订的计划行动的。正是以这种方式，美军最大限度达到了对战场动态变化的把握。

以往制订作战计划，一般先估计战场情况出现的几种可能，再制订相应的计划，称为“预案”。这种计划的动态性表现在对预想战场情况的可能应变，因此在以前的作战模式下，制订预案一直是取得胜利的关键。但时至今日，再完备的预案机制也不可能应付现代战场上瞬息万变的形势了。现代军队作战效能的日新月异使得战场流动性突增，战场情况变化异常激烈，战场态势可以瞬间突变。美国前国防部长科恩曾经说过：“以往的哲学是大吃小，今天的哲学是快吃慢。”所以，将“即时”思想融入作战计划的管理中，凸显计划的“动态”特性是非常必要的。

针对瞬息万变的现代战场，急需一种新的作战计划管理方式，它能够对确定的战场态势制订精确的作战计划。在战争开始后，又能够对复杂多变的战场及时调整修改计划，对资源进行动态调度协调，为作战人员提供自动实时的指导，使联合作战部队的战术行动协同一致。

因此，采用工作流技术开发作战计划管理系统，为作战指挥人员提供在分布的战场环境下的协同工作环境，使处于不同地点的作战计划编制及执行人员能够按照步骤进行工作，从而提高部队整体效率。部队充分利用这一计划编制执行管理系统，提供定期和预定报告，加强沟通、协调，使作战计划进度始终处于有序和可控状态，并且可以根据作战的进程，实时进行重新计划，从而达到对作战计划动态管理的目的。

6.4.1　工作流技术概述

工作流的概念起源于生产组织和办公自动化领域。它是针对日常工作中具有固定程序的活动而提出的一个概念。提出的目的是通过将工作分解成定义良好的任务、角色，按照一定的规则和过程来执行这些任务并对它们进行监控，达到提高办事效率、降低生产成本、提高企业生产经营水平和企业竞争力的目标。

工作流产品最早出现在20世纪80年代中期，比较典型的有FileNet于1984年推出的Workflow Business System，ViewStar于1988年推出的ViewStar。这些产品把图像扫描、复合文档、结构化路由、实例跟踪、关键字索引和光盘存储等功能结合起来，形成了一种全过程支持某些业务流程的软件系统。但是限于当时的计算机技术发展水平，这些产品所集成的功能较为简单。进入20世纪90年代后，随着计算机及网络技术的发展，现代组织的信息资源越来越呈现出一种异构、分布、松散耦合的特点，组织物理位置上的分散性、各项业务活动的分散性、各级领导对日常业务活动详尽信息的需求，加上客户/服务器体系结构的普遍应用、分布式处理技术（WWW、CORBA、Java等）的日益成熟，使得实现大规模异构分布式执行环境并使相互关联的任务能够高效执行成为可能。在这样的应用背景和技术背景下，工作流系统也由原来的简单过程管理便成为同化组织复杂信息环境、实现业务流程自动执行的必要工具，这也使得工作流技术得到了突飞猛进的发展。

工作流技术能够将应用逻辑与过程逻辑分离，在不修改具体功能的情况下，可以通过修改过程模型改变系统功能，完成对部分过程或全过程的集成管理，可有效地把人、信息和应用工具合理地组织在一起，发挥系统的最大效能。

6.4.2　作战计划管理系统设计与实现

工作流管理系统是利用计算机技术和信息技术作支持，使企业等组织机构的业务流程实现自控化，是一类能够完全或者部分自动执行的工程。根据一系列过程规则，文档、信息或任务能够在不同的执行者之间传递、执行。

基于工作流的管理系统的关键就在于协调分布式、协同处理的各个节点上的活动，按照预定义的控制流程进行执行，以达到对这些流程的自动执行和有效的管理。工作流管理系统就是这类软件的公共的流程控制部分（工作流运行服务、引擎）、管理部分和其他一些公共部分。

1. 系统总体设计思想

系统设计的总体思想要依据作战计划的生成过程。作战计划生成过程主要是指根据战场态势的实时变化情况，在分析敌我双方作战意图及作战目标的基础之上，综合考虑可用的作战资源及部署情况，选择适当的作战资源，生成相关作战命令，从而指定何种资源在何时、何地完成何种作战目标，并对作战的进程实施全程监控，同时根据战场态势的实时演化修订相应作战计划。作战计划的生成是一个周期循环迭代的过程，在一个计划生成周期之内主要包括了态势评估、目标选择、计划生成、计划选择、计划的执行监控和修正等多个流程。作战计划生成过程的输入包括了战场情报和作战使命，输出为详细的作战命令，如图 6-12 所示。

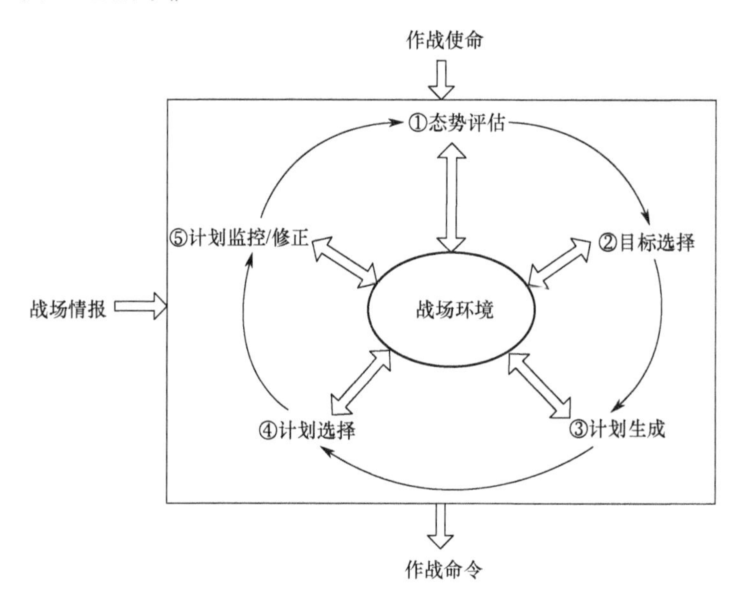

图 6-12　作战计划生成过程

①态势评估：态势评估主要是在战场情报和侦查监视系统的支撑下，根据所获得的各种情报资源，对敌我双方的作战部署、作战力量进行对比分析，同时根据敌方的各武器平台的运动轨迹对敌方作战意图进行判断，评估相应的威胁并对威胁进行排序，为作战目标的选择提供依据。

②目标选择：目标选择主要是指在态势分析的基础上，根据作战的意图选择本次作战的具体作战目标。

③计划生成：为了达成上级作战使命和作战意图，生成详细的可执行的作战计划集合，计划生成主要涉及作战行动序列（Course of Action，COA）的生成，作战资源的选择调度和作战组织的设计。

④计划选择：计划选择主要是在可选计划集合中，综合考虑各种计划评估标准，对作战计划进行选优。

⑤计划执行监控：主要是指在计划执行过程中对整个计划的执行进行监控，评估作战任务的完成情况，监控敌我双方作战资源的损耗情况，评判整个战场态势是否向预定的状态进行演化，同时在必要的情况下需要对作战计划进行适应性的调整。

因此，根据作战计划生成的过程和特点，采用工作流技术开发作战计划管理系统，应以部队编制为核心，主要包括作战计划编制模块、作战计划进度控制模块、作战计划评估模块、人员装备管理模块等。通过工作流技术打通系统的各个模块，使得作战各部门和人员能协同工作，作战计划的编制、执行、检查、控制、总结流程实现自动化。系统采用3层结构，并采用J2EE作为开发平台。

2. 作战计划管理业务过程及工作流程分析

作战计划管理系统的用户主要包括总指挥员，各级指挥、调理、评判、保障组织和人员，以及专业技术人员。

总指挥员确定作战目的、内容、时间、地区和方式，形成作战决心文书，政工、后勤、保障组织和人员在收到总指挥的作战想定后拟制各自的工作计划，后勤组列出经费、弹药、油料、武器装备等物资清单，提交给指挥组。

指挥组根据总指挥员的作战想定和后勤组提交的物资清单组织人员拟制作战计划并形成作战文书，作战文书交总指挥员审定。总指挥审定后，形成初始作战计划方案，并向各级作战部队下发，作战计划开始执行。

计划执行过程中，调理组织和人员不断收集作战计划执行的动态情况，以及人员、物资消耗情况，形成作战资料，提交给指挥员和专业技术人员。

专业技术人员根据调理人员收集的作战资料，利用各种图表形式反映作战态势和作战计划执行情况。专业技术人员利用运筹学等专业技术知识动态调整计划方案，并将可选方案提交指挥员。

指挥人员根据作战态势研究和调整后的作战计划决定下一步计划方案，并向作战部队下达任务。作战继续进行，直到计划任务完成，作战计划管理流程结束。

作战计划管理作业也是一个工作流程，因而也可以采用工作流技术驱动作战计划管理系统的业务流程，实现业务过程自动化。作战计划管理系统工作流程及流程的参与者如图 6-13 所示。

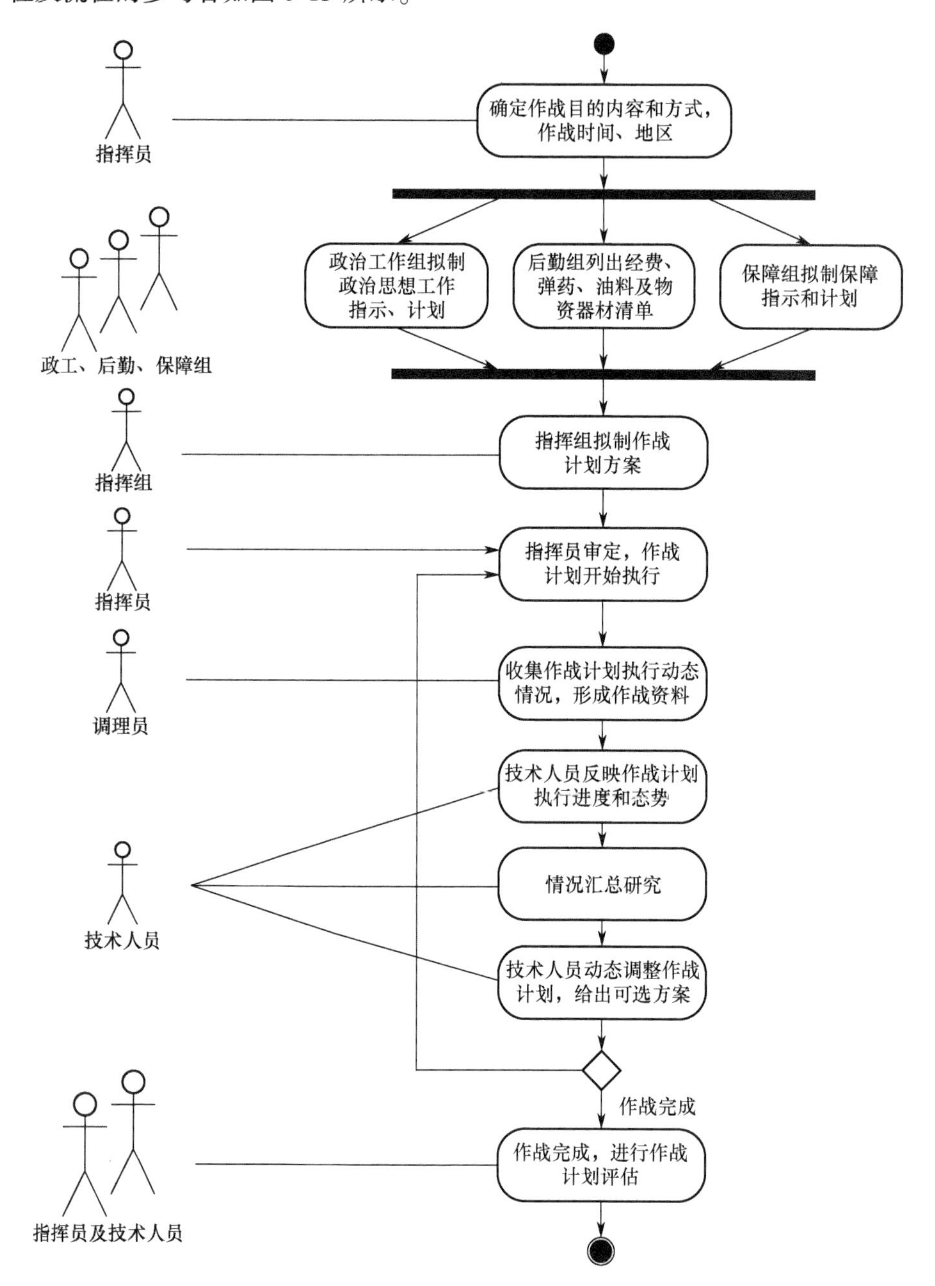

图 6-13　作战计划管理系统工作流程分析

3. 工作流模型设计

工作流模型是实现整个或部分过程自动化的部分。本系统工作流模型可以分为“工作流控制模块”“工作流向控制模块”“活动状态控制模块”“作战计划分发模块”“任务处理中心”“任务处理模块”等部分组成，如图 6-14 所示。

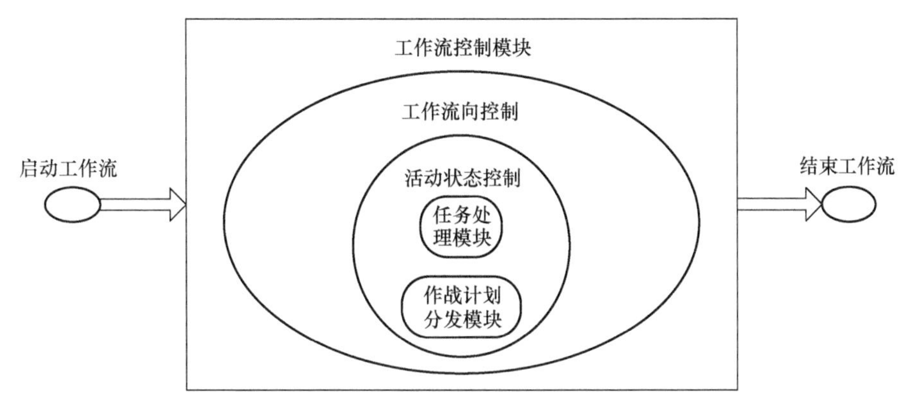

图 6-14　作战计划管理系统工作流程模型

工作流控制模块是整个工作流引擎的最外层控制部分，管理工作流的启动、暂停、取消、终止工作流实例，查看工作流的当前状态、历史运行记录。所有正在运行中的工作流程都将处在该中心的控制之下，具有管理所有工作流程的权利。

工作流向控制模块判断活动的后续活动、活动的返工路线，记录文档的流转路线，从起始点到终点的所有路径控制都由该模块管理。

活动状态控制模块用来自动或手动激活、完成某一活动，记录活动状态轨迹。

作战计划分发模块在计划执行活动开始之后：首先在作战计划任务操作之后依据提交规则进行提交，暂时存储所有已确定的作战计划；然后依据分发规则将作战计划文档等分发给某个组（人员）。

任务处理模块负责记录在当前活动的运行过程中用户的所有操作。

4. 系统逻辑结构

系统全部应用结构分为 3 层，即表示层、应用逻辑层和数据层。表示层包括了所有与用户交互的界面，是用户直接接触到的部分。作战指挥员通过表示层编制作战计划，形成作战任务列表。为每项任务安排作战时间、兵力部署和武器装备的配置。经系统计算后的结果，在表示层呈现给作战各部门人员。包括作战计划的网络图、甘特图、关键任务、战斗任务开始执行后的完成进度等。表示层为作战人员与业务逻辑提供接口。

业务逻辑层主要包括用户代理、应用程序代理、应用程序集、数据库管理、文档管理和配置管理等，处于系统的中间层。

用户代理是系统和用户之间的逻辑接口。系统管理员、演习导演、各级指挥员、调理员等不同类型用户登录系统后，应用程序代理为用户提供系统入口，并获得相应的工作列表，开始完成具体的作战计划任务。每个任务处理是都由应用程序代理调用相应的应用程序，这些应用程序是应用程序集的一部分。本系统的应用程序集按照工作流程划分为作战计划编制、作战计划进度控制、作战计划评估、态势显示等部分。

数据库为整个系统提供应用数据，起到数据中心的作用。集中存储了作战计划管理过程中的流程数据和产生的作战计划安排、计划执行进度、兵力装备使用情况等业务数据。数据库管理系统主要由数据库的基本操作集和数据连接池组成。

工作流接口主要负责与工作流引擎的所有交互工作。包括用户的工作项列表的取得、工作的办理申请、完成申请和系统流程管理等重要操作。在 WFMC 标准中，为 interface2、interface3、interface5 的集合。具体的系统逻辑结构如图 6-15 所示。

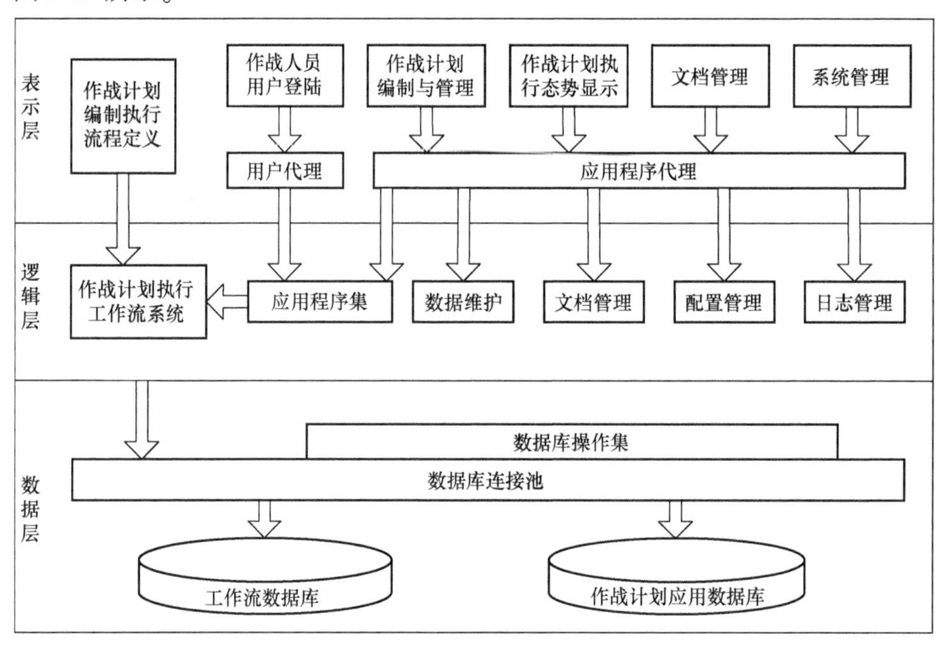

图 6-15　系统逻辑结构

5. 系统功能组成

1）用户登录模块

用户以不同身份登录，并取得相应权限。将用户的访问权限赋予角色，通过给用户分配不同的角色，达到赋予用户不同权限的目的。对于用户的权限分配分为两个步骤：一是将权限与角色关联；二是将角色赋予用户，使用户具备角色的权限。使用角色将用户和权限分开，管理员可以分别对角色、用户、权限进行管理。形成了用户－角色、角色－权限和角色－角色之间的关系，以提高权限管理的效率和灵活性，保证作战计划管理的准确、公正。

2）作战计划管理模块

（1）作战计划编制：根据基于效能的作战计划制订方法，只要将作战任务的影响网络及作战资源分配情况输入计算机，它就能自动运算、调整，根据影响网络图和各项作战行动的执行时间，以及计划制订者的主观偏好，就可以计算出整体任务的完成时间和完成的可能性，以指导计划执行。

当出现作战目标的变更，如应急行动的插入或者取消，以及作战资源状态的变化，如资源失效或者增加等情况时，作战计划管理模块能够根据这些突发情况，迅速进行重新规划，制订出新的作战计划。

（2）作战计划进度控制：根据计划执行情况，对发生偏差的任务计划进行调整，以确保任务按时完成。

进度控制的方法和工具有跟踪甘特图、实际进度前进锋线法等方法。使用这些工具可以看出计划执行的现实进度和预定进度之间的差异，进而判断是否需要采取措施调整计划。

跟踪波特图不仅反映任务实际完成的百分比，而且对同一任务采用上下两个波特条分别表示实际计划和基准计划，进行对比，标注执行落后的任务，提醒计划人员调整计划。实际进度前锋线法是指在计划执行中某一时刻，连线各项任务完成的进度前锋，它可以帮助计划人员认清计划中各项任务的完成情况。

通过监控进度计划发现计划执行落后，就需要动态调整计划。需要调整计划的原因一般是计划执行的进度落后于预期，针对这种情况，就需要赶进度。赶进度的方法有快速跟进和压缩工期两种。快速跟进是指原本呈“完成－开始”时序关系的两个任务：在前一个任务还没完成的情况下；后一个任务就开始跟进，显然这种方法对于任务完成的质量或者后期行动会带来许多不利的影响。压缩工期方法就是采取多投入资源的方法，使得任务完成的工期缩短，达到追赶进度的目的。这里的资源大多指的是以工时为单位计算的，比如人工、设备等。有些任务的完成时间不以资源的多少为影响，压缩工期法就对这种任务没有作用。

当上述方法不能实现计划完成时间的要求时，就需要对任务完成工期计划的合理性进行重新审定，对计划中任务的工期、任务之间的逻辑结构重新设计。

（3）态势显示：显示各任务执行进度。

（4）作战计划评估：影响进度的原因及分析，人员分配和装备活动情况。

（5）统计查询：根据作战计划的多种条件进行查询、查看、管理。统计在不同时期不同作战计划的各种统计信息，以供指挥部门在统计数据的基础上进行决策。

3）文档管理模块

包含所有的文档基本操作，如下载、保存、删除等。这其中包括对文档的简单权限管理，以确保文档由适当的人员来管理。

4）系统管理模块

（1）用户管理；

（2）系统数据库维护；

（3）系统配置管理；

（4）系统日志管理。

5）辅助功能模块

（1）任务提醒：针对不同的用户，自动提示必须开始的任务和落后执行的任务。

（2）报表功能：提供各种形式的报表。

（3）Email 功能：以邮件形式传递文件和某些作战信息。

6. 数据库管理的设计与实现

在整体系统的应用中，每一个数据库操作请求都将导致一次数据库访问，而数据库的连接不仅要开销通讯和内存资源，还要完成用户验证、安全性检验等任务。多个用户同时操作将导致系统的资源开销急剧增加。使用传统的模式，通常是首先在主程序（如 Servlet、Beans）中建立数据库连接；然后进行 SQL 操作，取出数据；最后断开数据库连接。这样必须管理每一个连接，以确保他们能被正确关闭。但是如果出现程序异常而导致某些连接未能关闭，将导致数据库系统中的内存泄漏，最终我们将不得不重启数据库。

为了降低系统的开销，增强系统的稳定性、安全性，数据库连接管理模块使用数据库连接池技术。当程序中需要建立数据库连接时，只需从内存中取一个来用而不用新建。同样，使用完毕后，只需放回内存即可。而连接的建立、断开都有连接池自身来管理。同时，我们还可以通过设置连接池的参数来控制连接池中的连接数、每个连接的最大使用次数等。通过使用连接池，将大大提高程序效率，同时，我们可以通过其自身的管理机制来监视数据库连接的数量、使用情况等。

6.5 小　结

作战效能评估的结果是作战任务规划的重要依据。本章从效能的角度出发，对作战任务规划中的关键步骤——作战资源分配进行研究，包括以下几个方面的工作。

（1）分析了一般作战资源分配与基于效能的作战资源分配问题的区别与联系，明确了基于效能的作战资源分配问题的特点。

（2）在对作战行动及资源建模的基础上，进一步明确了资源分配问题的假设条件、变量定义、约束条件以及求解目标，从而建立了基于效能的作战资源分配模型。该模型以缩短任务总体完成时间和提高任务效能为目标，是一类混元线性规划问题。由于任务的目标、时间和资源能力等的约束，问题的求解是一种 NP-hard 问题。

（3）将分配模型的求解问题转化为对状态空间的搜索，给出了求解算法的流程及其实现。算法以多维动态列表规划为核心思想，针对资源分配中的冲突问题，采用扩展赋时影响网对作战行动进行关键性分析，确定其优先级。通过改进的多优先级列表动态规划算法计算作战单元的优先级，从而完成作战行动和作战单元的最佳匹配。由于分配时引入了一定的主观性，能够根据需要在任务完成时间和效能两个目标间进行调节，增加了分配的灵活性，并结合 A2C2 实验验证了算法的可行性和有效性。

（4）将工作流技术应用于作战计划的编制与管理，实现了计划编制工作的自动处理及计划的动态管理，加强了作战计划执行的协调和交流，提高了部队的信息化程度，为现代战争中的作战部队和武器系统实施高效指挥与控制提供新的实现方法和途径。

参考文献

[1] 江敬灼．军事运筹研究的创新与发展[J]．军事运筹与系统工程,2003,(2):2-5.

[2] Cooper W W, Park K S. Models for Dealing with Imprecise Data in DEA[J]. Management Science, 1999, 45(4):597-607.

[3] 穆中林,周中良,于雷,等．编队对地攻击作战效能评估的系统动力学方法[J]．系统工程理论与实践,2010,30(3):565-570.

[4] 王希星,尹健．武器效能评估通用框架的形式化描述[J]．系统仿真学报,2007,19(9):2104-2108.

[5] 叶云,屈洋,罗顺武,等．基于多层次灰色理论的信息化部队作战效能评估[J]．军事运筹与系统工程,2004,(1):46-50.

[6] 刘华翔,黄俊,朱荣昌．综合航空武器平台作战效能评估综述[J]．系统工程学报,2003,18(1):55-61.

[7] 李传方,许瑞明,麦群伟．作战能力分析方法综述[J]．军事运筹与系统工程,2009,23(3):72-77.

[8] 胡玉农,夏正洪,王俊峰,等．复杂电子信息系统效能评估方法综述[J]．计算机应用研究,2009,26(3):819-822.

[9] 韩朝超,黄树彩,张东洋．反导作战能力评估方法研究综述[J]．科技导报,2009,27(24):76-80.

[10] 郭齐胜,袁益民,郅志刚．军事装备效能及其评估方法研究[J]．装甲兵工程学院学报,2004,18(1):1-5.

[11] 王振宇,马亚平,李柯．基于作战模拟的联合作战效能评估研究[J]．军事运筹与系统工程,2005,19(4):62-66.

[12] 柯加山,江敬灼,许仁杰,等．联合作战体系对抗效能评估探索性分析框架[J]．军事运筹与系统工程,2005,19(4):58-61.

[13] 黄炎焱．武器装备作战效能稳健评估方法及其支撑技术研究[D]．长沙:国防科学技术大学,2006.

[14] 李兴兵,谭跃进,杨克巍．基于探索性分析的装甲装备体系效能评估方法[J]．系统工程与电子技术,2007,29(9):1496-1499.

[15] 徐浩军,魏贤智,华玉光,等．作战航空综合体及其效能[M]．北京:国防工业出版社,2006.

[16] 蔺美青,周艳,许明．基于 AHP 算子的武器系统作战效能评估建模[J]．空军雷达学院

学报,2009,23(5):337-340.
[17] 徐泽水. 模糊互补判断矩阵的排序方法研究[J]. 系统工程与电子技术,2002,24(11):73-75.
[18] 李守奇,杨书豪. 基于 AHP 和模糊评价法的 C3I 系统效能评估[J]. 舰船电子工程,2009,29(12):52-55.
[19] 王君,周林,雷虎民,等. 中远程地空导弹系统效能评估模型[J]. 系统仿真学报,2010,22(7):1761-1768.
[20] 孟锦,李千目,张宏,等. 基于 ADC 模型的侦察卫星效能评估研究[J]. 计算机科学,2009,36(6):41-43.
[21] 郭齐胜,郅志刚,杨瑞平,等. 装备效能评估概论[M]. 北京:国防工业出版社,2005.
[22] 杨小军,曾峦. 信息优势对反舰导弹系统作战效能的影响分析[J]. 兵工学报,2009,30(S):95-99.
[23] 吴晓峰,钱东. 用于系统效能分析的 WSEIAC 模型及其扩展[J]. 系统工程理论与实践,2000,20(8):1-6.
[24] 徐学文,王寿云. 现代作战模拟[M]. 北京:科学出版社,2001.
[25] 江敬灼. 论作战实验方法[J]. 军事运筹与系统工程,2009,23(3):8-15.
[26] 肖滨,黄文斌,陆铭华. 作战仿真实验的研究与实践[J]. 军事运筹与系统工程,2010,24(1):28-33.
[27] Yildirim U Z. Extending the State-of-the-art for the COMAN/ATCAL methodology[D]. California:Naval Postgraduate School, 1999.
[28] Bednar E M. Feasibility study of variance reduction in the thunder campaign-level model[D]. Alabama:Air University, 2005.
[29] Bennett B W, Bullock A M, Fox D B, et a1. JICM1.0 summary[R]. California:RAND Corporation, 1994.
[30] Stone G F, Mclntyre G A. The joint warfare system (JWARS): A modeling and analysis tool for the defense department[C]//Proceedings of the 2001 Winter Simulation Conference, 2001.
[31] Atwell R J. Theater-level ground combat analyses and the TACWAR sub models[R]. Institute for Defense Analyses, 1991.
[32] 陈雷鸣. 作战训练转型对建模仿真的新挑战[J]. 军事运筹与系统工程,2010,24(1):5-8.
[33] 傅惠民. 导弹命中精度整体推断方法[J]. 北京航空航天大学学报,2006,32(10):1141-1145.
[34] 刘奎永,黄守训,郝瑞云. 序贯分析法在舰炮武器实验中的应用[J]. 火力与指挥控制,2004,29(1):98-102.
[35] 潘高田,王精业,杨瑞平. 小样本离散型多总体和统计量检验法[J]. 系统仿真学报,2001,13(2):182-183.
[36] 李欣欣. 基于 Bayes 变动统计的精度鉴定与可靠性增长评估研究[D]. 长沙:国防科学

技术大学,2008.

[37] Vapnik V N. The nature of statistical learning theory[M]. New York: Springer-Verlag, 2000.

[38] Vapnik V N. An overview of statistical learning theory[J]. IEEE Trans. on Neural Networks, 1999, 10(5):988-999.

[39] Yuan S F, Chu F L. Support vector machines-based fault diagnosis for turbo-pump rotor[J]. Mechanical Systems and Signal Processing, 2006, 20(4):939-952.

[40] Camastra F, Verri A. A novel kernel method for clustering[J]. IEEE Trans. on Pattern Analysis and Machine Intelligence, 2005, 27(5):801-805.

[41] Bellotti T, Luo Z Y, Gammerman A, et al. Qualified predictions for microarray and proteomics pattern diagnosis with confidence machines[J]. International Journal of Neural Systems, 2005, 15(4):247-258.

[42] Jae H M, Lee Y C. Bankruptcy prediction using support vector machine with optimal choice of kernel function parameters[J]. Expert Systems with Application, 2005, 28(3): 603-614.

[43] 程恺,车先明,张宏军,等. 基于支持向量机的部队作战效能评估[J]. 系统工程与电子技术,2011,33(5):1055-1058.

[44] Ilachinski A. Enhanced ISAAC neural simulation toolkit(EINSTein): An artificial-life laboratory for exploring self-organized emergence in land combat, beta-test user's guide[EB/OL]. [2009-12-10]. http://www.cna.org/isaac/einstein.htm.

[45] 胡晓峰. 战争复杂系统建模与仿真[M]. 北京:国防大学出版社,2005.

[46] 白伟,鞠儒生,邱晓刚. 基于RBF神经网络的作战效能评估方法[J]. 系统仿真学报,2008,20(23): 6391-6393.

[47] 邓乃扬,田英杰. 支持向量机——理论、算法与拓展[M]. 北京:科学出版社,2009.

[48] Flake G W, Lawrence S. Efficient SVM regression training with SMO[J]. Machine Learning, 2002, 1(11): 271-290.

[49] Griggs B J, Parnell G S, Lehmkuhl L J. An air mission planning algorithm using decision analysis and mixed integer programming[J]. Operations Research, 1997, 45(5): 662-676.

[50] Kewley R H, Embrechts M J. Computational military tactical planning system[J]. IEEE Transactions on Systems, man, and Cybernetics-part C: Applications and Reviews, 2002, 32(2):161-171.

[51] Santos Jr E, Deloach S A, Cox M T. Achieving dynamic, multi-commander, multi-mission planning and execution[J]. Applied Intelligence, 2006, 25:335-357.

[52] Brumitt B, Stentz A, Hebert M, the CMU UGV Group. Autonomous driving with goals and multiple vehicles: Mission planning and architecture[J]. Autonomous Robots, 2001, 11: 103-115.

[53] Sakamoto P. UAV mission planning under uncertainty[D]. Massachusetts: Massachusetts Institute of Technology, 2006.

[54] Spitz G J. Mission resource allocation in the gulf of guinea[D]. Monterey CA: Naval Postgraduate School, 2007.

[55] Gonsalves P G, Burge J E. Software toolkit for optimizing mission planning[C]. American Institute of Aeronautics and Astronautics 1st Intelligent Systems Technical Conference, Chicago, USA, 2004.

[56] 刘伟. 对地观测卫星任务规划模型与算法研究[D]. 北京:中国科学院研究生院,2008.

[57] Wilkins D E, Desimone R V. Applying an AI planner to military operations planning[R]. USA: Stanford Research Institute Interantional, 1993.

[58] Tate A, Dalton J, Levine J. O-Plan: A web-based AI planning agent[R]. USA: American Association for Artificial Intelligence, 2000.

[59] Zhang L, Mitchell B, Janczura C. COAST: An operational planning tool for course of action development and analysis[C] //Conference for the 9th International Command and Control Research and Technology Symposium, 2003.

[60] Agerdeen D, Thiebaux S, Zhang L. Decision-theoretic military operations planning[R]. USA: American Association for Artificial Intelligence, 2004.

[61] Wilkins D E, Myers K L. Summary of multiagent planning architecture[R]. USA: Stanford Research Institute International, 2001.

[62] Wolkins E D. Practical planning: Extending the classical AI planning paradigm[M]. San Mateo: Morgan Kaufman Publishers Inc, 1998.

[63] 祝江汉. 航天成像侦察的任务流预测与任务规划方法研究[D]. 长沙:国防科学技术大学,2010.

[64] 管井标,刘丽群,江敬灼,等. 军用计划系统及其技术研究综述[J]. 军事运筹与系统工程,2007,21(3):71-76.

[65] 鲁音隆. 多兵种联合作战战役任务计划方法研究[D]. 长沙:国防科学技术大学,2004.

[66] 杨瑞平,赵东波,郭齐胜,等. 指挥实体任务规划建模研究[J]. 系统仿真学报,2006,18(12):3338-3345.

[67] 谭跃进,李菊芳,徐一帆. 军用任务规划与管控技术[J]. 军事运筹与系统工程,2010,24(4):23-28,60.

[68] Mercier L, Hentenryck P V. Strong polynomiality of resource constraint propagation[J]. Discrete Optimization, 2007, 4(3/4): 288-314.

[69] Mercier L, Hentenryck P V. Edge finding for cumulative scheduling[J]. INFORMS Journal on Computing, 2008, 20(1):143-153.

[70] Demassey S, Artigues C, Michelon P. Constraint-propagation-based cutting planes: An application to the resource-constrained project scheduling problem[J]. INFORMS Journal on Computing, 2005, 17(1):52-65.

[71] Baptiste P, Demassey S. Tight LP bounds for resource constrained project scheduling[J]. OR Spectrum, 2004, 26(2):251-262.

[72] Spalazzi L. A survey on case-based planning[J]. Artificial Intelligence Review, 2001, 16

(1):3-36.

[73] 朱欣娟,库向阳,薛惠锋. 层次案例规划在知识系统中的应用研究[J]. 西安建筑科技大学学报(自然科学版),2005,37(1):113-117.

[74] 周习锋,苗兰森,史泽林. 基于案例和描述逻辑的海上援救规划方法[J]. 计算机工程,2008,34(8):261-263.

[75] Hammond K. Case-based planning: Viewing planning as a memory task[M]. San Diego, USA: Academic Press, 1989.

[76] Kordon A, Smits G. Soft sensor development using genetic programming[C]//Proceedings of GECCO 2001. San Francisco, USA, 2001.

[77] Kordon A, Smits G, Jordaan E, et al. Robust soft sensors based on integration of genetic programming, analytical neural networks, and support vector machines[C]//Proceedings of WCCI 2002. Honolulu, USA, 2002:896-901.

[78] Nikolaev N Y, Iba H. Regularization approach to inductive genetic programming[J]. IEEE Transactions on Evolutionary Computation, 2001, 5(4):359-375.

[79] 王帅强,马军,王海洋. 基于遗传规划的行为模型精化方法[J]. 计算机研究与发展,2008,45(11):1911-1919.

[80] 赵志崑,史忠植,曹虎. 一种分布式多主体规划算法[J]. 模式识别与人工智能,2004,17 (4):405-411.

[81] Ephrati E, Pollack M, Rosenschein J. A tractable heuristic that maximizes global utility through local plan combination[C]//Proceedings of the 1st International Conference on Multi-Agent Systems. San Francisco, CA, USA, 1995.

[82] Jennings N R. Controlling cooperative problem solving in industrial multi-agent systems using joint intentions[J]. Artificial Intelligence, 1995, 75(2):195-240.

[83] 赵志崑,史忠植,曹虎. 一种基于约束传播的多主体规划算法[J]. 计算机工程,2004,30 (20): 6-18.

[84] Antkiewicz R, Gasecki A, Najgebauer A, et al. Stochastic PERT and CAST logic approach for computer support of complex operation planning[J]. Lecture Notes in Computer Science, 2010, 6148:159-173.

[85] 任敏,王克波,沈林成. 多 UAV 协同突防规划与仿真[J]. 控制与决策,2011,26(1):157-160.

[86] Hong J E, Bae D H. Software modeling and analysis using a hierarchical object-oriented petri net[J]. Information Sciences, 2000, 130(4):133-164.

[87] Fernando V, Carlos M. A generic rollback manager for optimistic HLA simulations[C]. Proceedings of the Fourth IEEE International Workshop, Distributed Simulation and Real-time Applications. USA:IEEE, 2000.

[88] Kristensen L M, Mechlenborg P, Zhang L, et al. Model-based development of a course of action scheduling tool[J]. International Journal on Software Tools for Technology Transfer, 2008, 10:5-14.

[89] Jin W X. The Architecture and implementation of the distributed intelligent integrated virtual simulation information network of the joint operations[C]//Proceedings of the 2002 International Conference of Scientific Compution, Intenational Academic Press, 2002.
[90] Lee T D, Yoo S H, Jeong C S. HLA-based object-oriented modeling/simulation for military system[J]. Lecture Notes in Computer Science, 2005, 3398(1):122-130.
[91] 吴永波,何晓晔,谭东风,等. 军事概念模型研究综述[J]. 系统仿真学报,2005,17(12): 3076-3080.
[92] Mahfouz A, Hassan S A, Arisha A. Practical simulation application: Evaluation of process control parameters in twisted-pair cables manufacturing system [J]. Simulation Modelling Practice and Theory, 2010, 18(5):471-482.
[93] 谢毅,唐任仲,缪亚萍. 基于 IDEF3 的业务过程仿真模型的存储与获取[J]. 系统工程理论与实践,2005,25(12):69-75.
[94] 秦振,张维明,邓苏,等. 基于扩展 UML 的作战信息需求描述方法研究[J]. 计算机工程与应用,2010,46(16):16-19.
[95] 李建军,刘翔,任彦,等. 作战任务高层本体描述及规划[J]. 火力与指挥控制,2008,33(1):53-55.
[96] 程恺,张宏军,黄亚,等. 基于扩展 IDEF3 方法的作战任务描述及效能评估[J]. 计算机技术与发展,2011,21(2):198-202.
[97] Wang J, Wang H W. A CMMS-based formal conceptual modeling approach for team simulation and training[J]. Lecture Notes in Computer Science, 2009, 5551(1):946-955.
[98] CJCSM3500. 04C. Universal joint task list[R]. http://www. dtic. mil/doctrine/jel/ cjcsd/cjcsm/m350004c. pdf.
[99] 程恺,车军辉,张宏军,等. 作战任务的形式化描述及其过程表示方法[J]. 指挥控制与仿真,2012,34(1):15-19.
[100] Verfaillie G, Pralet C, et al. How to model planning and scheduling problems using constraint networks on timelines[J]. Knowledge Engineering Review, 2010, 25(3):319-336.
[101] 张最良,李长生,赵文志,等. 军事运筹学[M]. 北京:军事科学出版社,1993.
[102] 徐培德,余滨,马满好,等. 军事运筹学基础[M]. 长沙:国防科技大学出版社,2003.
[103] 海军工程学院,海军装备修理部,国防科工委系统工程研究所. 装备费用-效能分析:GJB1364-92[S]. 北京:国防科学技术工业委员会, 1993.
[104] 潘镜芙,闵绍荣. 作战系统的效能分析与评估方法[J]. 中国舰船研究,2006,1(1):1-8.
[105] 甄涛,王平均,张新民. 地地导弹武器作战效能评估方法[M]. 北京:国防工业出版社,2005.
[106] 王国玉,汪连栋,王国良,等. 雷达电子战系统数学仿真与评估[M]. 北京:国防工业出版社,2004.
[107] 军事科学院. 中国人民解放军军语[M]. 北京:军事科学出版社,2011.
[108] 鞠儒生. 基于数据耕种与数据挖掘的系统效能评估方法研究[D]. 长沙:国防科学技

术大学,2006.

[109] 赵超,文传源. 作战系统综合效能评估方法探索[J]. 电光与控制,2001,81:63-65.

[110] 董超. 战术互联网与战术数据链的效能研究[D]. 南京:解放军理工大学,2007.

[111] 曾凡军. 某型防空火箭武器系统打击巡航导弹效能分析[D]. 南京:南京理工大学,2009.

[112] Deitz P H, Starks M W. The generation use and misuse of "PKs" invulnerability/lethality analyses[R]. Army Research Laboratory, 1999.

[113] 张恒喜,朱家元,郭基联,等. 军用飞机型号发展工程导论[M]. 北京:国防工业出版社,2004.

[114] 谢邦荣,彭征明. 信息论在作战效能评估中的应用[J]. 系统工程理论与实践,2007,27(7):171-176.

[115] 刘芳,赵建印,郭波. 基于 EOOPN 的作战单元任务成功性评估仿真模型[J]. 兵工学报,2007,28(4):481-486.

[116] 王智新. 网络化模拟训练理论与实践[M]. 长沙:国防科技大学出版社,2003.

[117] 杨晓恕,张宏军,马勇波. 合同战术训练评估系统体系结构[J]. 计算机工程,2008,34(15):54-56.

[118] 景慎祜. 军事演习指南[M]. 郑州:黄河出版社,2000.

[119] 马开城,张波,刘智慧. 合同战术实兵演习系统设计[J]. 军事运筹与系统工程,2003,(4):36-39.

[120] 杨晓恕. 合同战术训练管理与评估系统关键技术研究[D]. 南京:解放军理工大学,2008.

[121] 彭征明,李云芝,罗小明. 用不确定性度量作战效能的评估方法研究[J]. 军事运筹与系统工程,2005,19(3):65-70.

[122] 邓鹏华,毕义明,刘继方. 一种不确定作战决策效能评估模型及仿真[J]. 系统仿真学报,2009,21(23):7381-7385.

[123] 许世蒙,谢古今,潘高田. 一种作战模型数值模拟的基本探讨[J]. 系统工程理论与实践,2000,(7):106-111.

[124] McCormick S. A primer on developing measures of effectiveness[J]. Military Review, 2010, 90(4):60-66.

[125] 彭方明,邢清华,刘睿渊. 改进证据推理的联合防空作战效能评估模型[J]. 计算机应用,2010,30(8):2265-2268.

[126] Thorstensson M. Using observers for model based data collection in distributed tactical operations[D]. Linköping, Sweden: Linköping University,2008.

[127] 程恺,车先明,张宏军,等. 基于粗糙集和贝叶斯网络的作战效能评估[J]. 计算机工程,2011,37(1):10-12,15.

[128] Jensen F V. Bayesian network and decision graphs[M]. New York: Springer-Verlag Inc, 2001, 2:35-74.

[129] 张学工. 关于统计学习理论与支持向量机[J]. 自动化学报,2000,26(1):32-42.

[130] 李旭升,郭耀煌. 基于朴素贝叶斯分类器的个人信用评估模型[J]. 计算机工程与应用,2006,42(30):197-201.

[131] 付东,方程,王震雷. 作战能力与作战效能评估方法研究[J]. 军事运筹与系统工程,2006,20(4):35-39.

[132] Pawlak Z. Rough sets[M]. London, UK:Kluwer academic publishers, 1991.

[133] Guan J W, Bell D A. Rough computational methods for information systems[J]. Artificial Intelligence, 1998, 105(1-2):77-103.

[134] Skowron A, Rauszer C. The discernibility matrices and function in information system[J]. Fundameta Informaticae, 1991, 15(2):331-362.

[135] 狄长春,杜中华,吴大林. 基于座椅系统虚拟样机的自行火炮行驶平顺性统计评估[J]. 兵工学报,2009,30(4):442-445.

[136] 邓桂龙,刘智慧,贾志东. 作战仿真实验数据关联规则挖掘研究[J]. 军事运筹与系统工程,2008,22(4):46-50.

[137] Li M. New methods for statistical modeling and analysis of nondestructive evaluation data[D]. Iowa: Iowa State University, 2010.

[138] 胡剑文,张维明,胡晓峰,等. 一种基于复杂系统观的效能分析新方法:单调指标空间分析方法[J]. 中国科学E辑信息科学,2005,35(4):352-367.

[139] 程恺,张睿,张宏军,等. 基于统计分析的作战行动效能评估方法[J]. 计算机应用,2012,32(4):1157-1160.

[140] 特利·瓦伏拉. 简化的顾客满意度测量:ISO 9001:2000 认证指南[M]. 北京:机械工业出版社,2003.

[141] Wagenhals L W, Levis A H. Modeling support of effect-based operations in war games[R]. George Mason University, C3I Center, 2002.

[142] 武云鹏. 基于效果的行动过程建模与优化方法研究[D]. 长沙:国防科学技术大学,2006.

[143] Smith E A. 基于效果作战[M]. 北京:电子工业出版社,2007.

[144] Heckerman D, Geiger D, Chichering D. Learning Baysian net works: The combination of knowledge and statistical data[J]. Machine Learning, 1994, 20(3):197-243.

[145] Chang K C, Lehner P E, Levis A H, et al. On causal influence logic[R]. George Mason University, Center of Excellence for C3I, 1994.

[146] 朱延广. 基于随机时间影响网络的联合火力打击方案优化问题研究[D]. 长沙:国防科学技术大学,2011.

[147] 朱延广,朱一凡. 基于影响网络的联合火力打击目标选择方法研究[J]. 军事运筹与系统工程,2010,24(3):64-69.

[148] 杨翠蓉,王明哲,廖晶静. 用影响网分析复杂系统关键事件[J]. 应用科学学报,2010,28(6):639-645.

[149] Rafi M F, Zaidi A K, Levis A H. Optimization of actions in activation timed influence nets[J]. Informatica, 2009, 33(3): 285-296.

[150] Zaidi A K, Mansoor F, Papantoni-Kazakos P. Modeling with influence networks using influence constants: A new approach[C] //Proceedings of IEEE International Conference on Systems, Man and Cybernetics, Montreal, 2007.
[151] Zhu Y G, Zhu Y F, Qin D L. On finding effective course of action under combinational constraints in influence nets[C] //2nd International Conference on Information Engineering and Computer Science, Wuhan, 2010.
[152] Rosen J A, Smith W L. Influence net modeling with causal strengths: An evolutionary approach[C] //Proceedings of the 1996 Command and Control Research and Technology Symposium, Monterey CA, 1996.
[153] Wagenhals L W, Shin I, Levis A H. Creating executable models of influence nets with colored Petri nets[J]. International Journal on Software Tools for Technology Transfer(STTT), 1998,2: 168-181.
[154] Haider S, Levis A H. Effective course-of-action determination to achieve desired effects[J]. IEEE Transactions On Systems Man and Cybernetics Part A: Systems and Humans, 2007, 37(6):1140-1150.
[155] Zaidi A K, Mansoor F, Papantoni-Kazakos P. Theory of influence networks[J]. Journal of Intelligent and Robotic Systems, 2010, 60:457-491.
[156] Zhu Y G, Lei Y L. Stochastic timed influence nets[C] //2010 International Conference on Computer Application and System Modeling. Taiyuan, 2010.
[157] Haider S, Levis A H. Modeling time-varying uncertain situations using dynamic influence nets[J]. International Journal of Approximate Reasoning, 2008, 49:488-502.
[158] Papantoni-Kazakos P, Zaidi A K, Rafi M F. An algorithm for activation timed influence nets [C] //IEEE International Conference on Information Reuse and Integration, Las Vegas, 2008.
[159] Zaidi A K, Wagenhals L W, Haider S. Assessment of effects based operations using temporal logic[C] //International Command and Control Research and Technology Symposium The Future of C2, 2007.
[160] Zaidi A K, Levis A H, Papantoni-Kazakos P. On extending temporal models in timed influence networks[C] //Proceedings of the 14th International Command and Control Research and Technology Symposium. Washington, DC, 2009.
[161] 刘忠,张维明,阳东升,等. 作战计划系统技术[M]. 北京:国防工业出版社,2007.
[162] Zhang L, Janczura C. Scheduling operational-level causes of action[R]. Edinburgh, SA: Systems Simulation and Assessment Group Command and Control Division DSTO, 2003.
[163] Levchuk G M, Levchuk Y N, Luo J, et al. Normative design of organizations-part II: Organizational structure[J]. IEEE Transactions on Systems, man, and Cybernetics-part A: Systems and Humans, 2002, 32(3):360-375.
[164] Levchuk G M, Levchuk Y N, Luo J, et al. Normative design of project-based organizations-part III: Modeling congruent, robust, and adaptive organizations[J]. IEEE Transactions on

Systems, man, and Cybernetics-part A: Systems and Humans, 2004, 34(3):337-350.
[165] 王江峰. 基于 MDLS 与 GA 的作战任务资源分配算法研究[D]. 长沙:国防科学技术大学,2005.
[166] Gilbert S, Edward L. A compile-time scheduling heuristic for interconnection constrained heterogeneous processor architectures[J]. IEEE Transactions on Parallel and Distributed Systems, 1993, 4(2):175-187.
[167] Levchuk G M, Levchuk Y N, Luo J, et al. A library of optimization algorithms for organizational design[C]//Proceedings of the 2000 Command and Control Research and Technology Symposium. Monterey CA, 2000.
[168] Meirina C, Levchuk G M, Ruan S, et al. Normative framework and computational models for simulating and assessing command and control processes[J]. Simulation Modelling Practice and Theory, 2006, 14:454-479.
[169] Levchuk G M, Levchuk Y N, Luo J, et al. Normative design of organizations-part I: Mission planning[J]. IEEE Transactions on Systems, man, and Cybernetics-part A: Systems and Humans, 2002, 32(3):346-359.
[170] Craig M J. A design for dynamic self-organization in autonomous distributed operations[D]. Massachusetts: Massachusetts Institute of Technology, 2003.
[171] Burns A, Prasad D, Bondavalli A, et al. The meaning and role of value in scheduling flexible real-time systems[J]. Journal of Systems Architecture, 2000, 46(4):305-325.
[172] 阳东升,张维明,刘忠,等. 战役任务计划的数学描述与求解算法研究[J]. 系统工程理论与实践,2006,26(1):26-34.
[173] Shirazi B, Wang M, Pathak G. Analysis and evaluation of heuristic methods for static task scheduling[J]. Journal of Parallel and Distributed Computing, 1990, 10:222-232.
[174] Haider S. On finding effective course of action in dynamic uncertain situations[D]. Virginia: George Mason University, 2005.
[175] Yang D S, Lu Y L, Zhong L. Research on algorithms of task scheduling[C]//Proceedings of the Third International Conference on Machine Learning and Cybernetics, Shang Hai, 2004:42-47.
[176] 陈洪辉,赵亮,芮红,等. 作战任务和资源间的匹配模型及求解算法研究[J]. 系统工程与电子技术,2008,30(9):1712-1716.
[177] 王永炎,王强,王宏安,等. 基于优先级表的实时调度算法及其实现[J]. 软件学报,2004,15(3):360-370.
[178] 金宏,王宏安,王强,等. 一种任务优先级的综合设计方法[J]. 软件学报, 2003,14(3):376-382.
[179] Kemple W G, Kleinman D L, Berigan M C. A2C2 initial experiment: Adaptation of the joint scenario and formalization[C]//Proceedings of the 1996 Command and Control Research and Technology Symposium, Monterey CA, 1996:837-846.
[180] Pasaraba W L. The conduct and assessment of A2C2 experiment 7[R]. Monterey CA: Na-

val Postgraduate School, 2000.
[181] Berigan M C. Task structure and scenario design[R]. Monterey CA: Naval Postgraduate School, 2000.
[182] 濮一波,张宏军,陈宁. 基于工作流的作战计划管理系统的研究与设计[J]. 计算机应用与软件,2006,23(8):63-64,67.
[183] 付明. 基于工作流技术的项目管理系统的设计与实现[D]. 武汉:华中科技大学,2007.
[184] 汪文元. 基于工作流的兵力调度技术研究[D]. 长沙:国防科学技术大学,2005.
[185] 李景洲. 基于工作流建模技术的信息系统开发方法[D]. 北京:中国科学院,2001.
[186] 李刚洲. 面向服务的作战计划生成方法研究[D]. 长沙:国防科学技术大学,2009.